**Eloi Rylan Koios (Hrsg.)**

# Berkelium(III)-iodid

Eloi Rylan Koios (Hrsg.)

# Berkelium(III)-iodid

## Iodide, Actinoide, Berkelium, Summenformel, Salze, Oxidationszahl

Tract

Publisher:
Tract is a trademark of
International Book Market Service Ltd., 17 Rue Meldrum, Beau Bassin, 1713-01 Mauritius
Email: info@bookmarketservice.com
Website: www.bookmarketservice.com

Published in 2012

Printed in: U.S.A., U.K., Germany. This book was not produced in Mauritius.

**ISBN: 978-613-8-51149-6**

# Contents

## Articles



## References

# Berkelium(III)-iodid

| Kristallstruktur | |
|---|---|
| | |
| $Bk^{3+}$ $I^{-}$ | |
| Kristallsystem | hexagonal |
| Raumgruppe | |
| Gitterkonstanten | $a$ = 758,4 pm<br>$c$ = 2087 pm |
| **Allgemeines** | |
| Name | Berkelium(III)-iodid |
| Andere Namen | Berkeliumtriiodid |
| Verhältnisformel | $BkI_3$ |
| CAS-Nummer | 23171-53-1 |
| Kurzbeschreibung | gelbe Kristalle[1] |
| **Eigenschaften** | |
| Molare Masse | 627,78 $g \cdot mol^{-1}$ |
| Aggregatzustand | fest |
| **Sicherheitshinweise** | |
| **EU-Gefahrstoffkennzeichnung** [2]<br>***keine Einstufung verfügbar***<br>R- und S-Sätze R: *siehe oben*<br>S: *siehe oben* | |
| **Radioaktivität** | |
| **Radioaktiv** | |
| Soweit möglich und gebräuchlich, werden SI-Einheiten verwendet. Wenn nicht anders vermerkt, gelten die angegebenen Daten bei Standardbedingungen. | |

**Berkelium(III)-iodid** ist ein Iodid des künstlichen Elements und Actinoids Berkelium mit der Summenformel $BkI_3$. In diesem Salz tritt Berkelium in der Oxidationsstufe +3 auf.

## Eigenschaften

Berkelium(III)-iodid ist ein gelber Feststoff und kristallisiert im hexagonalen Kristallsystem in der Raumgruppe *R*3 mit den Gitterparametern $a = 758{,}4$ pm und $c = 2087$ pm mit sechs Formeleinheiten pro Elementarzelle. Seine Kristallstruktur ist isotyp mit Bismut(III)-iodid.[3] [4]

## Sicherheitshinweise

Einstufungen nach der Gefahrstoffverordnung liegen nicht vor, weil diese nur die chemische Gefährlichkeit umfassen und eine völlig untergeordnete Rolle gegenüber den auf der Radioaktivität beruhenden Gefahren spielen. Auch Letzteres gilt nur, wenn es sich um eine dafür relevante Stoffmenge handelt.

## Einzelnachweise

[1] Arnold F. Holleman, Nils Wiberg: *Lehrbuch der Anorganischen Chemie*, 102. Auflage, de Gruyter, Berlin 2007, ISBN 978-3-11-017770-1, S. 1969.

[2] In Bezug auf ihre Gefährlichkeit wurde die Substanz von der EU noch nicht eingestuft, eine verlässliche und zitierfähige Quelle hierzu wurde noch nicht gefunden.

[3] J. R. Peterson, D. E. Hobart: „The Chemistry of Berkelium", in: Harry Julius Emeleus (Hrsg.): *Advances in inorganic chemistry and radiochemistry*, Volume 28, Academic Press, 1984, ISBN 0-12023628-1, S. 29–64; doi: 10.1016/S0898-8838(08)60204-4 (http://dx.doi.org/10.1016/S0898-8838(08)60204-4), hier: S. 48 ( eingeschränkte Vorschau (http://books.google.de/books?id=U-YOlLVuV1YC&pg=PA29#v=onepage) in der *Google Buchsuche*).

[4] R. L. Fellows, J. P. Young, R. G. Haire, in: *Physical–Chemical Studies of Transuranium Elements* (Progress Report April 1976–March 1977) (ed. J. R. Peterson), U.S. Energy Research and Development Administration Document ORO-4447-048, University of Tennessee, Knoxville, S. 5–15.

## Literatur

- David E. Hobart and Joseph R. Peterson: Berkelium (http://radchem.nevada.edu/classes/rdch710/files/Berkelium.pdf), in: Lester R. Morss, Norman M. Edelstein, Jean Fuger (Hrsg.): *The Chemistry of the Actinide and Transactinide Elements*, Springer, Dordrecht 2006; ISBN 1-4020-3555-1, S. 1444–1498; doi: 10.1007/1-4020-3598-5_10 (http://dx.doi.org/10.1007/1-4020-3598-5_10).

# Iodide

Silberiodid-Niederschlag im Reagenzglas

Als **Iodide**, veraltet auch **Jodide**, werden die Verbindungen des chemischen Elementes Iod mit Metallen bezeichnet (Beispiele: Silberiodid, Kupfer(I)-iodid.[1] Es handelt sich dabei um die anorganischen Salze der Iodwasserstoffsäure (HI). Als Iodide werden auch Nichtmetall-Iod-Verbindungen wie z. B. die kovalenten organischen Kohlenstoff-Iod-Verbindungen bezeichnet. Somit existieren auch anorganische kovalente Iodide, wie z. B. Bortriiodid.

Die salzartigen Iodide enthalten in ihrem Ionengitter als negative Gitterbausteine (Anionen) Iodidionen ($I^-$), die einfach negativ geladen sind. Wichtige Iodide sind Kaliumiodid (KI) oder Natriumiodid (NaI).

Beispiele für organische Iodide sind Iodmethan und Iodoform.[2] Ein weiteres Beispiel sind das Tetramethylammoniumiodid und die Stoffgruppe der Acyliodide. Aromatische Iodide (z. B. Iodbenzol) zersetzen sich photochemisch in Iod-Radikale und Aryl-Radikale, die zu vielerlei Reaktionen befähigt sind.[3]

## Nachweis

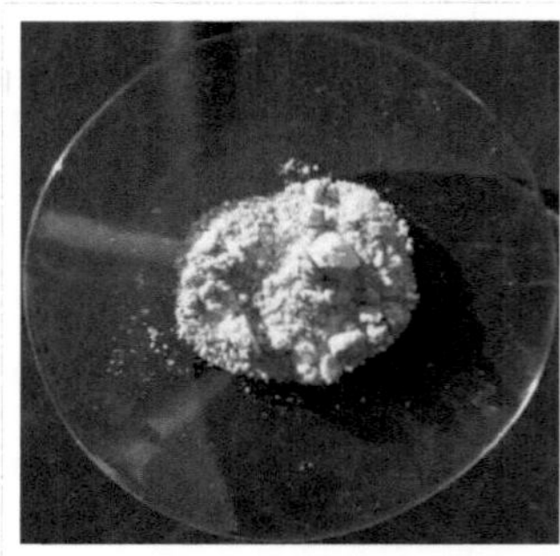

Kupfer(I)iodid, ein aus Kupfer(II)-sulfat-Lösung und Natriumiodid synthetisierbares Präparat (wasserunlöslich)

Iodide in Lösung ergeben, erhitzt mit konzentrierter Schwefelsäure, violette Dämpfe von elementarem Iod.

Sie lassen sich auch mit den klassischen Nachweisreaktionen für Halogenide nasschemisch nachweisen. Mit Chlorwasser als Nachweismittel entsteht Iod (in Hexan violett). Mit Silbernitratlösung fällt Silberiodid als weißlich gelber Niederschlag aus.

## Siehe auch

- Iodate
- Iodite
- Hydroiodide
- Halogene
- Fluoride
- Chloride
- Bromide

## Einzelnachweise


[1] *Brockhaus ABC Chemie*, VEB F. A. Brockhaus Verlag Leipzig 1965, S. 605.

[2] Hans Beyer und Wolfgang Walter: *Organische Chemie*, S. Hirzel Verlag, Stuttgart, 1984, S. 134, ISBN 3-7776-0406-2.

[3] Otto-Albrecht Neumüller (Herausgeber): *Römpps Chemie Lexikon*, Frank'sche Verlagshandlung, Stuttgart, 1983, 8. Auflage, S. 1913, ISBN 3-440-04513-7.

# Actinoide

## Actinoide

Lage im Periodensystem

**Actinoide** [-noˈiːdə] („Actiniumähnliche“; griech.: Endung *-οειδής* (*-oeides*) „ähnlich“) ist eine Gruppenbezeichnung ähnlicher Elemente. Zugerechnet werden ihr das Actinium und die 14 im Periodensystem folgenden Elemente: Thorium, Protactinium, Uran und die Transurane Neptunium, Plutonium, Americium, Curium, Berkelium, Californium, Einsteinium, Fermium, Mendelevium, Nobelium und Lawrencium. Im Sinne des Begriffs gehört Actinium nicht zu den Actiniumähnlichen. Hier folgt die Nomenklatur der IUPAC aber dem praktischen Gebrauch. Die frühere Bezeichnung *Actinide* entspricht nicht dem Vorschlag der Nomenklaturkommission, da nach diesem die Endung „-id“ für binäre Verbindungen wie z. B. Chloride reserviert ist; die Bezeichnung ist aber weiterhin erlaubt.[1] [2] Alle Actinoide sind Metalle und werden auch als *Elemente der Actiniumreihe* bezeichnet.

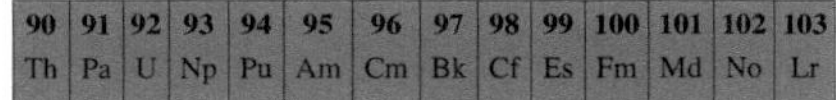

| 90 | 91 | 92 | 93 | 94 | 95 | 96 | 97 | 98 | 99 | 100 | 101 | 102 | 103 |
|---|---|---|---|---|---|---|---|---|---|---|---|---|---|
| Th | Pa | U | Np | Pu | Am | Cm | Bk | Cf | Es | Fm | Md | No | Lr |

## Begriffliche Abgrenzung

- Die Transurane sind die Elemente mit einer höheren Ordnungszahl als Uran, d. h. die Actinoide beginnend mit Neptunium (93) sind auch Transurane.
- Als Transactinoide bezeichnet man die Elemente mit Ordnungszahlen ab 104 (Rutherfordium). Sie folgen im Periodensystem auf die Actinoide. Alle Transactinoide sind auch gleichzeitig Transurane, da sie Ordnungszahlen größer als die des Urans haben.

## Eigenschaften

### Physikalische Eigenschaften

Alle Actinoide sind radioaktiv und gehören zu den Metallen. Einige sind in feinverteiltem Zustand pyrophor. Die Actinoide gehören wie die Lanthanoide zu den *inneren Übergangselementen* oder *f-Block-Elementen*, da in diesen Reihen die f-Unterschalen mit Elektronen aufgefüllt werden.

### Chemische Eigenschaften

Alle Actinoide bilden dreifach geladene Ionen, sie werden wie das Actinium als Untergruppe der 3. Nebengruppe aufgefasst. Die "leichteren" Actinoide (Thorium bis Americium) kommen in einer größeren Anzahl von Oxidationszahlen vor als die entsprechenden Lanthanoide.[3]

### Farben der Actinoid-Ionen in wässriger Lösung

| Oxidationszahl[4] [5] | 89 | 90 | 91 | 92 | 93 | 94 | 95 | 96 | 97 | 98 | 99 | 100 | 101 | 102 | 103 |
|---|---|---|---|---|---|---|---|---|---|---|---|---|---|---|---|
| +3 | **$Ac^{3+}$** *farblos* | **($Th^{3+}$)** *tiefblau* | **($Pa^{3+}$)** *blauschwarz* | **$U^{3+}$** *purpurrot* | **$Np^{3+}$** *purpurviolett* | **$Pu^{3+}$** *tiefblau* | **$Am^{3+}$** *gelbrosa* | **$Cm^{3+}$** *farblos* | **$Bk^{3+}$** *gelbgrün* | **$Cf^{3+}$** *grün* | **$Es^{3+}$** *blassrosa* | **$Fm^{3+}$** | **$Md^{3+}$** | **$No^{3+}$** | **$Lr^{3+}$** |
| +4 | | **$Th^{4+}$** *farblos* | **$Pa^{4+}$** *blassgelb* | **$U^{4+}$** *smaragdgrün* | **$Np^{4+}$** *gelbgrün* | **$Pu^{4+}$** *orangebraun* | **$Am^{4+}$** *gelbrot* | **$Cm^{4+}$** *blassgelb* | **$Bk^{4+}$** *beige* | **$Cf^{4+}$** *grün* | | | | | |
| +5 | | | **$PaO_2^+$** *farblos* | **$UO_2^+$** *blasslila* | **$NpO_2^+$** *grün* | **$PuO_2^+$** *rotviolett* | **$AmO_2^+$** *gelb* | | | | | | | | |
| +6 | | | | **$UO_2^{2+}$** *gelb* | **$NpO_2^{2+}$** *rosarot* | **$PuO_2^{2+}$** *rosagelb* | **$AmO_2^{2+}$** *zitronengelb* | | | | | | | | |
| +7 | | | | | **$NpO_2^{3+}$** *tiefgrün* | **$PuO_2^{3+}$** *blaugrün* | **($AmO_6^{5-}$)** *dunkelgrün* | | | | | | | | |

# Verbindungen

## Oxide

Die vierwertigen Oxide der Actinoide kristallisieren im kubischen Kristallsystem; der Strukturtyp ist der $CaF_2$-Typ (Fluorit) mit der Raumgruppe *Fm*3*m* und den Koordinationszahlen *An*[8], O[4].

| Dioxide der Actinoide[6] | | | | | | | | | |
|---|---|---|---|---|---|---|---|---|---|
| Name | Thoriumdioxid | Protactinium(IV)-oxid | Uran(IV)-oxid | Neptunium(IV)-oxid | Plutonium(IV)-oxid | Americium(IV)-oxid | Curium(IV)-oxid | Berkelium(IV)-oxid | Californium(IV)-oxid |
| CAS-Nummer | 1314-20-1 | 12036-03-2 | 1344-57-6 | 12035-79-9 | 12059-95-9 | 12005-67-3 | 12016-67-0 | 12010-84-3 | 12015-10-0 |
| PubChem | 14808 [7] | | 10916 [8] | | | | | | |
| Summenformel | $ThO_2$ | $PaO_2$ | $UO_2$ | $NpO_2$ | $PuO_2$ | $AmO_2$ | $CmO_2$ | $BkO_2$ | $CfO_2$ |
| Molare Masse | 264,04 g·mol$^{-1}$ | 263,035 g·mol$^{-1}$ | 270,03 g·mol$^{-1}$ | 269,047 g·mol$^{-1}$ | 276,063 g·mol$^{-1}$ | 275,06 g·mol$^{-1}$ | je nach Isotop: 270–284 g·mol$^{-1}$ | 279,069 g·mol$^{-1}$ | 283,078 g·mol$^{-1}$ |
| Schmelzpunkt | 3390 °C | | 2878 °C | 2600 °C | 2400 °C | 1000 °C (Zers.) | 380 °C (Zers.) | | |
| Siedepunkt | 4400 °C | | | | 2800 °C | | | | |
| Strukturformel | $An^{4+}$ $O^{2-}$ | | | | | | | | |
| Raumgruppe | | | | | | | | | |
| Koordinationszahlen | *An*[8], O[4] | | | | | | | | |
| Gitterkonstanten | | | | 543 pm | 540 pm | | 536 pm | 533 pm | 531 pm |

## Halogenide

Die dreiwertigen Chloride der Actinoide kristallisieren im hexagonalen Kristallsystem. Die Struktur des Uran(III)-chlorids ist die Leitstruktur für eine Reihe weiterer Verbindungen. In dieser werden die Metallatome von je neun Chloratomen umgeben. Als Koordinationspolyeder ergibt sich dabei ein dreifach überkapptes, trigonales Prisma, wie es auch bei den späteren Actinoiden und den Lanthanoiden häufig anzutreffen ist. Es kristallisiert im hexagonalen Kristallsystem in der Raumgruppe $P6_3/m$ und zwei Formeleinheiten pro Elementarzelle.[9]

| **Dreiwertige Chloride der Actinoide**[6] | | | | | | | |
|---|---|---|---|---|---|---|---|
| Name | Uran(III)-chlorid | Neptunium(III)-chlorid | Plutonium(III)-chlorid | Americium(III)-chlorid | Curium(III)-chlorid | Berkelium(III)-chlorid | Californium(III)-chlorid |
| CAS-Nummer | 10025-93-1 | 20737-06-8 | 13569-62-5 | 13464-46-5 | 13537-20-7 | 13536-46-4 | 13536-90-8 |
| PubChem | 167444 [10] | | | | | | |
| Summenformel | $UCl_3$ | $NpCl_3$ | $PuCl_3$ | $AmCl_3$ | $CmCl_3$ | $BkCl_3$ | $CfCl_3$ |
| Molare Masse | 344,387 g·mol$^{-1}$ | 343,406 g·mol$^{-1}$ | 350,32 g·mol$^{-1}$ | 349,42 g·mol$^{-1}$ | je nach Isotop: 344–358 g·mol$^{-1}$ | 353,428 g·mol$^{-1}$ | 357,438 g·mol$^{-1}$ |
| Schmelzpunkt | 837 °C | 800 °C | 767 °C | 715 °C | 695 °C | 603 °C | 545 °C |
| Siedepunkt | 1657 °C | | 1767 °C | 850 °C | | | |
| Strukturformel | a b $An^{3+}$ $Cl^-$ | | | | | | |
| Raumgruppe | | | | | | | |
| Koordinationszahlen | *An*[9], Cl[3] | | | | | | |
| Gitterkonstanten[9] | a = 745,2 pm c = 432,8 pm | a = 740,5 pm c = 427,3 pm | a = 739,4 pm c = 424,3 pm | a = 738,2 pm c = 421,4 pm | a = 726 pm c = 414 pm | a = 738,2 pm c = 412,7 pm | a = 738 pm c = 409 pm |

# Siehe auch

- Lanthanoide

# Einzelnachweise

[1] Wolfgang Liebscher, Ekkehard Fluck: *Die systematische Nomenklatur der anorganischen Chemie.* Springer, Berlin 1999, ISBN 3-540-63097-X.

[2] Neil G. Connelly (Red.): *Nomenclature of inorganic chemistry – IUPAC recommendations 2005.* Royal Society of Chemistry, Cambridge 2005, ISBN 0-85404-438-8.

[3] Guttmann/Hengge: *Anorganische Chemie*, VCH, Weinheim · New York · Basel · Cambridge 1990.

[4] Arnold F. Holleman, Nils Wiberg: *Lehrbuch der Anorganischen Chemie*, 102. Auflage, de Gruyter, Berlin 2007, S. 1956; ISBN 978-3-11-017770-1.

[5] dtv-Atlas zur Chemie **1981**, Teil 1, S. 224.

[6] Die Werte der atomaren und physikalischen Eigenschaften sind, wenn nicht anders angegeben, aus www.webelements.com (http://www.webelements.com) entnommen.

[7] http://pubchem.ncbi.nlm.nih.gov/summary/summary.cgi?cid=14808

[8] http://pubchem.ncbi.nlm.nih.gov/summary/summary.cgi?cid=10916

[9] Lester R. Morss, Norman M. Edelstein, Jean Fuger (Hrsg.): *The Chemistry of the Actinide and Transactinide Elements: Bd. 3*, **2006**, Springer, ISBN 1-4020-3555-1.

[10] http://pubchem.ncbi.nlm.nih.gov/summary/summary.cgi?cid=167444

# Literatur

- Lester R. Morss, Norman M. Edelstein, Jean Fuger (Hrsg.): *The Chemistry of the Actinide and Transactinide Elements*, Springer, Dordrecht 2006; ISBN 1-4020-3555-1:
  - Harold W. Kirby, Lester R. Morss: Actinium (http://radchem.nevada.edu/classes/rdch710/files/Actinium.pdf), S. 18–51; doi: 10.1007/1-4020-3598-5_2 (http://dx.doi.org/10.1007/1-4020-3598-5_2).
  - Mathias S. Wickleder, Blandine Fourest, Peter K. Dorhout: Thorium (http://radchem.nevada.edu/classes/rdch710/files/Thorium.pdf), S. 52–160; doi: 10.1007/1-4020-3598-5_3 (http://dx.doi.org/10.1007/1-4020-3598-5_3).
  - Boris F. Myasoedov, Harold W. Kirby, Ivan G. Tananaev: Protactinium (http://radchem.nevada.edu/classes/rdch710/files/Protactinium.pdf), S. 161–252; doi: 10.1007/1-4020-3598-5_4 (http://dx.doi.org/10.1007/1-4020-3598-5_4).
  - Ingmar Grenthe, Janusz Drożdżyński, Takeo Fujino, Edgar C. Buck, Thomas E. Albrecht-Schmitt, Stephen F. Wolf: Uranium (http://radchem.nevada.edu/classes/rdch710/files/Uranium.pdf), S. 253–698; doi: 10.1007/1-4020-3598-5_5 (http://dx.doi.org/10.1007/1-4020-3598-5_5).
  - Zenko Yoshida, Stephen G. Johnson, Takaumi Kimura, John R. Krsul: Neptunium (http://radchem.nevada.edu/classes/rdch710/files/Neptunium.pdf), S. 699–812; doi: 10.1007/1-4020-3598-5_6 (http://dx.doi.org/10.1007/1-4020-3598-5_6).
  - David L. Clark, Siegfried S. Hecker, Gordon D. Jarvinen, Mary P. Neu: Plutonium (http://radchem.nevada.edu/classes/rdch710/files/Plutonium.pdf), S. 813–1264; doi: 10.1007/1-4020-3598-5_7 (http://dx.doi.org/10.1007/1-4020-3598-5_7).
  - Wolfgang H. Runde, Wallace W. Schulz: Americium (http://radchem.nevada.edu/classes/rdch710/files/Americium.pdf), S. 1265–1395; doi: 10.1007/1-4020-3598-5_8 (http://dx.doi.org/10.1007/1-4020-3598-5_8).
  - Gregg J. Lumetta, Major C. Thompson, Robert A. Penneman, P. Gary Eller: Curium (http://radchem.nevada.edu/classes/rdch710/files/Curium.pdf), S. 1397–1443; doi: 10.1007/1-4020-3598-5_9 (http://dx.doi.org/10.1007/1-4020-3598-5_9).
  - David E. Hobart, Joseph R. Peterson: Berkelium (http://radchem.nevada.edu/classes/rdch710/files/Berkelium.pdf), S. 1444–1498; doi: 10.1007/1-4020-3598-5_10 (http://dx.doi.org/10.1007/1-4020-3598-5_10).
  - Richard G. Haire: Californium (http://radchem.nevada.edu/classes/rdch710/files/Californium.pdf), S. 1499–1576; doi: 10.1007/1-4020-3598-5_11 (http://dx.doi.org/10.1007/1-4020-3598-5_11).
  - Richard G. Haire: Einsteinium (http://radchem.nevada.edu/classes/rdch710/files/Einsteinium.pdf), S. 1577–1620; doi: 10.1007/1-4020-3598-5_12 (http://dx.doi.org/10.1007/1-4020-3598-5_12).
  - Robert J. Silva: Fermium, Mendelevium, Nobelium, and Lawrencium (http://radchem.nevada.edu/classes/rdch710/files/Fm to Lr.pdf), S. 1621–1651; doi: 10.1007/1-4020-3598-5_13 (http://dx.doi.org/10.1007/1-4020-3598-5_13).
- Arnold F. Holleman, Nils Wiberg: *Lehrbuch der Anorganischen Chemie*, 102. Auflage, de Gruyter, Berlin 2007, ISBN 978-3-11-017770-1, S. 1948–1976.
- James E. Huheey: *Anorganische Chemie*, de Gruyter, Berlin 1988, ISBN 3-11-008163-6, S. 873–900.
- Norman N. Greenwood, Alan Earnshaw: *Chemie der Elemente*, 1. Auflage, VCH, Weinheim 1988, ISBN 3-527-26169-9, S. 1601–1641.
- *dtv-Atlas zur Chemie*, Teil 1, 1981, S. 222–229.

# Berkelium

| Eigenschaften | |
|---|---|
| $[Rn]\ 5f^8\ 6d^1\ 7s^2$ 97 **Bk** Periodensystem | |
| **Allgemein** | |
| Name, Symbol, Ordnungszahl | Berkelium, Bk, 97 |
| Serie | Actinoide |
| Gruppe, Periode, Block | Ac, 7, f |
| Aussehen | silberweiß |
| CAS-Nummer | 7440-40-6 |
| **Atomar** [1] | |
| Atommasse | 247 u |
| Atomradius (berechnet) | 170 pm[2] () pm |
| Elektronenkonfiguration | $[Rn]\ 5f^8\ 6d^1\ 7s^2$ |
| **Physikalisch** [3] | |
| Aggregatzustand | fest |
| Kristallstruktur | hexagonal |
| Dichte | 14,78 $g/cm^3$ |
| Schmelzpunkt | 1259 K (986 °C) |
| Molares Volumen | $16{,}84 \cdot 10^{-6}\ m^3/mol$ |
| **Chemisch** [4] | |
| Oxidationszustände | **+3**, +4 |
| Normalpotential | −2,00 V ($Bk^{3+} + 3\ e^- \rightarrow Bk$)[5] −1,08 V ($Bk^{4+} + 3\ e^- \rightarrow Bk$)[5] |
| Elektronegativität | 1,30 (Pauling-Skala) |
| **Isotope** | |

| Isotop | NH | $t_{1/2}$ | ZA | ZE (MeV) | ZP [6] |
|---|---|---|---|---|---|
| $^{242}Bk$ | {syn.} | 7,0 min | ε (≈ 100 %) | | $^{242}Cm$ |
| | | | SF (< $3 \cdot 10^{-5}$ %) | ? | ? |
| $^{243}Bk$ | {syn.} | 4,5 h | ε (≈ 100 %) | | $^{243}Cm$ |
| | | | α (≈ 0,15 %) | | $^{239}Am$ |
| $^{244}Bk$ | {syn.} | 4,35 h | ε (?) | | $^{244}Cm$ |
| | | | α (0,006 %) | | $^{240}Am$ |
| $^{245}Bk$ | {syn.} | 4,94 d | ε (≈ 100 %) | 0,810 | $^{245}Cm$ |
| | | | α (0,12 %) | 6,455 | $^{241}Am$ |
| $^{246}Bk$ | {syn.} | 1,80 d | ε (≈ 100 %) | 1,350 | $^{246}Cm$ |
| | | | α (0,1 %) | 6,070 | $^{242}Am$ |
| $^{247}Bk$ | {syn.} | 1380 a | α (≈ 100 %) | 5,889 | $^{243}Am$ |
| | | | SF (?) | ? | ? |
| $^{248}Bk$ | {syn.} | > 9 a | $\beta^-$ | 0,870 | $^{248}Cf$ |
| | | | ε | 0,717 | $^{248}Cm$ |
| | | | α | 5,803 | $^{244}Am$ |
| $^{249}Bk$ | {syn.} | 330 d | $\beta^-$ (≈ 100 %) | 0,125 | $^{249}Cf$ |
| | | | α (0,00145 %) | 5,526 | $^{245}Am$ |
| $^{250}Bk$ | {syn.} | 3,212 h | $\beta^-$ (100 %) | | $^{250}Cf$ |

**Weitere Isotope siehe Liste der Isotope**

**Sicherheitshinweise**

**Gefahrstoffkennzeichnung** [7]

***keine Einstufung verfügbar***

R- und S-Sätze R: *siehe oben*

S: *siehe oben*

**weitere Sicherheitshinweise**

**Radioaktivität**

**Radioaktives Element**

Soweit möglich und gebräuchlich, werden SI-Einheiten verwendet.
Wenn nicht anders vermerkt, gelten die angegebenen Daten bei Standardbedingungen.

**Berkelium** ist ein künstlich erzeugtes chemisches Element mit dem Elementsymbol Bk und der Ordnungszahl 97. Im Periodensystem steht es in der Gruppe der Actinoide (7. Periode, f-Block) und zählt auch zu den Transuranen. Berkelium wurde nach der Stadt Berkeley in Kalifornien benannt, in der es entdeckt wurde. Bei Berkelium handelt es sich um ein radioaktives Metall mit einem silbrig-weißen Aussehen. Es wurde im Dezember 1949 erstmals aus dem leichteren Element Americium erzeugt. Es entsteht in geringen Mengen in Kernreaktoren. Seine Anwendung findet es vor allem zur Erzeugung höherer Transurane und Transactinoide.

## Geschichte

Glenn T. Seaborg

60-Inch-Cyclotron

So wie Americium (Ordnungszahl 95) und Curium (96) in den Jahren 1944 und 1945 nahezu zeitgleich entdeckt wurden, erfolgte in ähnlicher Weise in den Jahren 1949 und 1950 die Entdeckung der Elemente Berkelium (97) und Californium (98).

Die Experimentatoren, Glenn T. Seaborg, Albert Ghiorso und Stanley G. Thompson, stellten am 19. Dezember 1949 die ersten Kerne im 60-Inch-Cyclotron der Universität von Kalifornien in Berkeley her. Es war das fünfte Transuran, das entdeckt wurde. Die Entdeckung wurde zeitgleich mit der des Californiums veröffentlicht.[8] [9] [10] [11]

Die Namenswahl folgte naheliegenderweise einem gemeinsamen Ursprung: Berkelium wurde nach dem Fundort, der Stadt *Berkeley* in Kalifornien, benannt. Die Namensgebung folgt somit wie bei vielen Actinoiden und den Lanthanoiden: Terbium, das im Periodensystem genau über Berkelium steht, wurde nach der schwedischen Stadt Ytterby benannt, in der es zuerst entdeckt wurde: *It is suggested that element 97 be given the name berkelium (symbol Bk) after the city of Berkeley in a manner similar to that used in naming its chemical homologue terbium (atomic number 65) whose name was derived from the town of Ytterby, Sweden, where the rare earth minerals were first found.*[9] Für das Element 98 wählte man den Namen *Californium* zu Ehren der Universität und des Staates Kalifornien.

Als schwerste Schritte in der Vorbereitung zur Herstellung des Elements erwiesen sich die Entwicklung entsprechender chemischer Separationsmethoden und die Herstellung ausreichender Mengen an Americium für das Target-Material.

Die Probenvorbereitung erfolgte zunächst durch Auftragen von Americiumnitratlösung (mit dem Isotop $^{241}$Am) auf eine Platinfolie; die Lösung wurde eingedampft und der Rückstand dann zum Oxid ($AmO_2$) geglüht.

Universität von Kalifornien, Berkeley

Nun wurde diese Probe im 60-Inch-Cyclotron mit beschleunigten α-Teilchen mit einer Energie von 35 MeV etwa 6 Stunden beschossen. Dabei entsteht in einer sogenannten (α,2n)-Reaktion $^{243}Bk$ sowie zwei freie Neutronen:

Nach dem Beschuss im Cyclotron wurde die Beschichtung mittels Salpetersäure gelöst und erhitzt, anschließend wieder mit einer konzentrierten wässrigen Ammoniak-Lösung als Hydroxid ausgefällt und abzentrifugiert; der Rückstand wurde wiederum in Salpetersäure gelöst.

Um die weitgehende Abtrennung des Americiums zu erreichen, wurde diese Lösung mit einem Gemisch von Ammoniumperoxodisulfat und Ammoniumsulfat versetzt und erhitzt, um vor allem das gelöste Americium auf die Oxidationsstufe +6 zu bringen. Nicht oxidiertes restliches Americium wurde durch Zusatz von Flusssäure als Americium(III)-fluorid ausgefällt. Auf diese Weise werden auch begleitendes Curium als Curium(III)-fluorid und das erwartete Element 97 (Berkelium) als Berkelium(III)-fluorid augefällt. Dieser Rückstand wurde durch Behandlung mit Kalilauge zum Hydroxid umgewandelt, welches nach Abzentrifugieren nun in Perchlorsäure gelöst wurde.

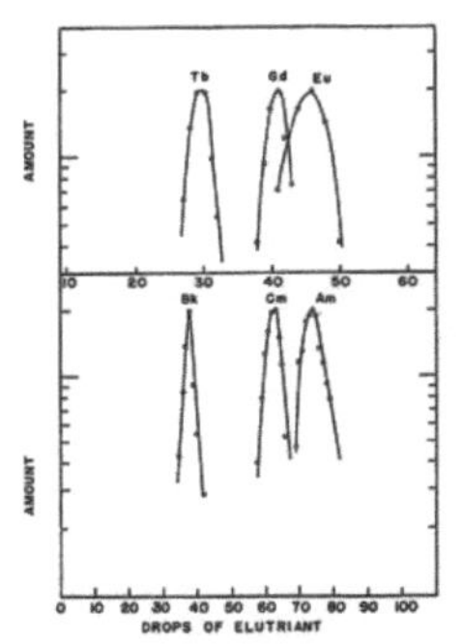


Elutionskurven: chromatographische Trennung von Tb, Gd, Eu sowie Bk, Cm, Am.[9]

Die weitere Trennung erfolgte in Gegenwart eines Citronensäure/Ammoniumcitrat-Puffers im schwach sauren Medium (pH ≈ 3,5) mit Ionenaustauschern bei erhöhter Temperatur.

Die chromatographische Trennung konnte nur aufgrund vorheriger Vergleiche mit dem chemischen Verhalten der entsprechenden Lanthanoide gelingen. So tritt bei einer Trennung das Terbium vor Gadolinium und Europium aus einer Säule. Falls das chemische Verhalten des Berkeliums dem eines Eka-Terbiums ähnelt, sollte das fragliche Element 97 daher in dieser analogen Position zuerst erscheinen, entsprechend vor Curium und Americium.

Der weitere Verlauf des Experiments brachte zunächst kein Ergebnis, da man nach einem α-Teilchen als Zerfallssignatur suchte. Erst die Suche nach charakteristischer Röntgenstrahlung und Konversionselektronen als Folge eines Elektroneneinfangs brachte den gewünschten Erfolg. Das Ergebnis der Kernreaktion wurde mit $^{243}Bk$ angegeben, obwohl man anfänglich auch $^{244}Bk$ für möglich hielt.

Im Jahr 1958 isolierten Burris B. Cunningham und Stanley G. Thompson erstmals wägbare Mengen, die durch langjährige Neutronenbestrahlung von $^{239}Pu$ in dem Testreaktor der National Reactor Testing Station in Idaho erzeugt wurden.[12]

# Isotope

Von Berkelium existieren nur Radionuklide und keine stabilen Isotope. Insgesamt sind 12 Isotope und 5 Kernisomere des Elements bekannt. Die langlebigsten sind $^{247}$Bk (Halbwertszeit 1380 Jahre), $^{248}$Bk (9 Jahre) und $^{249}$Bk (330 Tage). Die Halbwertszeiten der restlichen Isotope liegen im Bereich von Millisekunden bis Stunden oder Tagen.[6]

Nimmt man beispielhaft den Zerfall des langlebigsten Isotops $^{247}$Bk heraus, so entsteht durch α-Zerfall zunächst das langlebige $^{243}$Am, das seinerseits durch erneuten α-Zerfall in $^{239}$Np übergeht. Der weitere Zerfall führt dann über $^{239}$Pu zum $^{235}$U, dem Beginn der Uran-Actinium-Reihe (4 n + 3).

Die angegebenen Zeiten sind Halbwertszeiten.

→ *Liste der Berkeliumisotope*

# Vorkommen

Das langlebigste Isotop $^{247}$Bk besitzt eine Halbwertszeit von 1380 Jahren. Aus diesem Grund ist das gesamte primordiale Berkelium, das die Erde bei ihrer Entstehung enthielt, mittlerweile zerfallen.

Über die Erstentdeckung von Einsteinium und Fermium in den Überresten der ersten amerikanischen Wasserstoffbombe, Ivy Mike, am 1. November 1952 auf dem Eniwetok-Atoll hinaus wurden neben Plutonium und Americium auch Isotope von Curium, Berkelium und Californium gefunden, darunter das $^{249}$Bk, das durch den β-Zerfall in $^{249}$Cf übergeht. Aus Gründen der militärischen Geheimhaltung wurden die Ergebnisse erst später im Jahr 1956 publiziert.[13]

In Kernreaktoren entsteht vor allem das Berkeliumisotop $^{249}$Bk, es zerfällt bereits während der Zwischenlagerung (vor der Endlagerung) fast komplett zum Californiumisotop $^{249}$Cf mit 351 Jahren Halbwertszeit. Dieses zählt zum Transuranabfall und ist daher in der Endlagerung unerwünscht.

# Gewinnung und Darstellung

Berkelium wird durch Beschuss von leichteren Actinoiden mit Neutronen in einem Kernreaktor erzeugt. Die Hauptquelle ist der 85 MW High-Flux-Isotope Reactor (HFIR) am Oak Ridge National Laboratory in Tennessee, USA, der auf die Herstellung von Transcuriumelementen (Z > 96) eingerichtet ist.[14]

Der High-Flux-Isotope Reaktor beim Oak Ridge National Laboratory ist einer der Orte, wo Berkelium produziert wird.

## Gewinnung von Berkeliumisotopen

Berkelium entsteht in Kernreaktoren aus Uran ($^{238}$U) oder Plutonium ($^{239}$Pu) durch zahlreiche nacheinander folgende Neutroneneinfänge und β-Zerfälle – unter Ausschluss von Spaltungen oder α-Zerfällen.[15]

Ein wichtiger Schritt ist hierbei die (n,γ)- oder Neutroneneinfangsreaktion, bei welcher das gebildete angeregte Tochternuklid durch Aussendung eines γ-Quants in den Grundzustand übergeht. Die hierzu benötigten freien Neutronen entstehen durch Kernspaltung anderer Kerne im Reaktor. In diesem kernchemischen Prozess wird zunächst durch eine (n,γ)-Reaktion gefolgt von zwei $\beta^-$-Zerfällen das $^{239}$Pu gebildet. In Brutreaktoren wird dieser Prozess zum Erbrüten neuen Spaltmaterials genutzt.

Bei den angegebenen Zeiten handelt es sich um Halbwertszeiten.

Letzteres wird hierzu mit einer Neutronenquelle, die einen hohen Neutronenfluss besitzt, bestrahlt. Die hierbei möglichen Neutronenflüsse sind um ein vielfaches höher als in einem Kernreaktor. Aus $^{239}$Pu wird durch vier aufeinander folgende (n,γ)-Reaktionen $^{243}$Pu gebildet, welches durch β-Zerfall mit einer Halbwertszeit von

4,96 Stunden zu $^{243}$Am zerfällt. Das durch eine weitere (n,γ)-Reaktion gebildete $^{244}$Am zerfällt wiederum durch β-Zerfall mit einer Halbwertszeit von 10,1 Stunden letztlich zu $^{244}$Cm. Aus $^{244}$Cm entstehen durch weitere (n,γ)-Reaktionen im Reaktor in jeweils kleiner werdenden Mengen die nächst schwereren Isotope.

Die Entstehung von $^{250}$Cm auf diesem Wege ist jedoch sehr unwahrscheinlich, da $^{249}$Cm nur eine kurze Halbwertszeit besitzt und so weitere Neutroneneinfänge in der kurzen Zeit unwahrscheinlich sind.

**$^{249}$Bk** ist das einzige Isotop des Berkeliums, das auf diese Weise gebildet werden kann. Es entsteht durch β-Zerfall aus $^{249}$Cm – das erste Curiumisotop, welches einen β-Zerfall eingeht (Halbwertszeit 64,15 min[6] ).

Durch Neutroneneinfang entsteht zwar aus $^{249}$Bk auch das $^{250}$Bk, dies zerfällt aber schon mit einer Halbwertszeit von 3,212 Stunden[6] durch β-Zerfall zu $^{250}$Cf.[16] [17]

Das langlebigste Isotop, das $^{247}$Bk, kann somit nicht in Kernreaktoren hergestellt werden, so dass man sich oftmals mit dem eher zugänglichen $^{249}$Bk begnügen muss. Berkelium steht heute weltweit lediglich in sehr geringen Mengen zur Verfügung, weshalb es einen sehr hohen Preis besitzt. Dieser beträgt etwa 160 US-Dollar pro Mikrogramm $^{249}$Bk.[18]

Das Isotop **$^{248}$Bk** wurde 1956 durch Beschuss mit 25-MeV α-Teilchen aus einem Gemisch von Curiumnukliden hergestellt. Seine Existenz mit dessen Halbwertszeit von 23 ± 5 Stunden wurde durch das β-Zerfallsprodukt $^{248}$Cf festgestellt.[19]

**$^{247}$Bk** wurde 1965 aus $^{244}$Cm durch Beschuss mit α-Teilchen hergestellt. Ein eventuell entstandenes Isotop $^{248}$Bk konnte nicht nachgewiesen werden.[20]

Das Berkeliumisotop **$^{242}$Bk** wurde 1979 durch Beschuss von $^{235}$U mit $^{11}$B, $^{238}$U mit $^{10}$B, sowie $^{232}$Th mit $^{14}$N bzw. $^{15}$N erzeugt. Es wandelt sich durch Elektroneneinfang mit einer Halbwertszeit von 7,0 ± 1,3 Minuten zum $^{242}$Cm um. Eine Suche nach einem zunächst vermuteten Isotop $^{241}$Bk blieb ohne Erfolg.[21]

### Darstellung elementaren Berkeliums

Die ersten Proben von Berkeliummetall wurden 1969 durch Reduktion von $BkF_3$ bei 1000 °C mit Lithium in Reaktionsapparaturen aus Tantal hergestellt.[2]

Elementares Berkelium kann ferner auch aus $BkF_4$ mit Lithium oder durch Reduktion von $BkO_2$ mit Lanthan oder Thorium dargestellt werden.[22]

## Eigenschaften

Im Periodensystem steht das Berkelium mit der Ordnungszahl 97 in der Reihe der Actinoide, sein Vorgänger ist das Curium, das nachfolgende Element ist das Californium. Sein Analogon in der Reihe der Lanthanoide ist das Terbium.

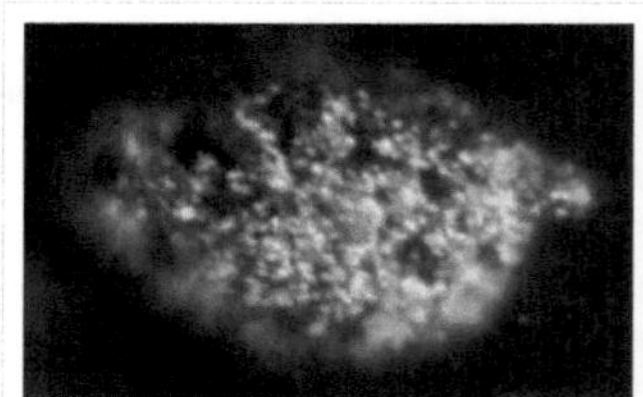

1,7 Mikrogramm Berkelium
(Größe ca. 100 μm)

## Physikalische Eigenschaften

Doppelt-hexagonal dichteste Kugelpackung mit der Schichtfolge ABAC in der Kristallstruktur von α-Bk (A: grün; B: blau; C: rot).

Bei Berkelium handelt es sich um ein künstliches, radioaktives Metall. Es hat ein silbrig-weißes Aussehen mit einem Schmelzpunkt von 986 °C.

Die bei Standardbedingungen auftretende Modifikation α-Bk kristallisiert im hexagonalen Kristallsystem in der Raumgruppe mit den Gitterparametern $a = 341{,}6 \pm 0{,}3$ pm und $c = 1106{,}9 \pm 0{,}7$ pm sowie vier Formeleinheiten pro Elementarzelle, einem Metallradius von 170 nm und einer Dichte von 14,78 g/cm$^3$. Die Kristallstruktur besteht aus einer doppelt-hexagonal dichtesten Kugelpackung (d.h.c.p.) mit der Schichtfolge ABAC und ist damit isotyp zur Struktur von α-La.[2]

Bei höheren Temperaturen geht α-Bk in β-Bk über. Die β-Modifikation kristallisiert im kubischen Kristallsystem in der Raumgruppe *Fm*3*m* mit dem Gitterparameter $a = 499{,}7 \pm 0{,}4$ pm, einem Metallradius von 177 nm und einer Dichte von 13,25 g/cm$^3$. Die Kristallstruktur besteht aus einer kubisch dichtesten Kugelpackung mit der Stapelfolge ABC, was einem kubisch flächenzentrierten Gitter (f.c.c.) entspricht.[2]

Die Lösungsenthalpie von Berkelium-Metall in Salzsäure bei Standardbedingungen beträgt $-600{,}2 \pm 5{,}1$ kJ·mol$^{-1}$. Ausgehend von diesem Wert erfolgte die erstmalige Berechnung der Standardbildungsenthalpie ($\Delta_f H^0$) von $Bk^{3+}_{(aq)}$ auf $-601 \pm 5$ kJ·mol$^{-1}$ und des Standardpotentials $Bk^{3+}$ / $Bk^0$ auf $-2{,}01 \pm 0{,}03$ V.[23]

Zwischen 70 K und Raumtemperatur verhält sich Berkelium wie ein Curie-Weiss-Paramagnet mit einem effektiven magnetischen Moment von 9,69 Bohrschen Magnetonen ($\mu_B$) und einer Curie-Temperatur von 101 K. Beim Abkühlen auf etwa 34 K erfährt Berkelium einen Übergang zu einem antiferromagnetischen Zustand.[24] Dieses magnetische Moment entspricht fast dem theoretischen Wert von 9,72 $\mu_B$.[25] [26]

## Chemische Eigenschaften

Berkelium ist wie alle Actinoide sehr reaktionsfähig. Es reagiert allerdings nicht schnell mit Sauerstoff bei Raumtemperatur, was möglicherweise auf die Bildung einer schützenden Oxidschicht zurückzuführen ist. Jedoch reagiert es mit geschmolzenen Metallen, Wasserstoff, Halogenen, Chalkogenen und Penteliden zu verschiedenen binären Verbindungen.[25] [26]

In wässriger Lösung ist die dreiwertige Oxidationsstufe am beständigsten, jedoch kennt man auch vierwertige und zweiwertige[27] Verbindungen. Wässrige Lösungen mit $Bk^{3+}$-Ionen haben eine gelbgrüne Farbe, mit $Bk^{4+}$-Ionen sind sie in salzsaurer Lösung beige, in schwefelsaurer Lösung orange-gelb.[28] [29] [30] Ein ähnliches Verhalten ist für sein Lanthanoidanalogon Terbium zu beobachten.[10] [11]

$Bk^{3+}$-Ionen zeigen zwei scharfe Fluoreszenzpeaks bei 652 nm (rotes Licht) und 742 nm (dunkelrot – nahes Infrarot) durch interne Übergänge in der f-Elektronen-Schale.[31] [32]

## Spaltbarkeit

Berkelium eignet sich anders als die benachbarten Elemente Curium und Californium auch theoretisch nur sehr schlecht als Kernbrennstoff in einem Reaktor. Neben der sehr geringen Verfügbarkeit und dem damit verbundenen hohen Preis kommt hier erschwerend hinzu, dass die günstigeren Isotope mit gerader Massenzahl nur eine geringe Halbwertszeit haben. Das einzig infrage kommende geradzahlige Isotop, $^{248}Bk$ im Grundzustand, ist nur sehr schwer zu erzeugen,[33] zudem liegen derzeit (9/2008) keine ausreichenden Daten über dessen Wirkungsquerschnitte vor.[34] [35]

$^{249}$Bk ist im Prinzip in der Lage, eine Kettenreaktion aufrechtzuerhalten, und damit für einen schnellen Reaktor oder eine Atombombe geeignet. Die kurze Halbwertszeit von 330 Tagen zusammen mit der komplizierten Gewinnung und dem hohen Bedarf vereiteln entsprechende Versuche. Die kritische Masse liegt unreflektiert bei 192 kg, mit Wasserreflektor immer noch 179 kg, ein Vielfaches der Weltjahresproduktion.[36]

$^{247}$Bk kann sowohl in einem thermischen als auch in einem schnellen Reaktor eine Kettenreaktion aufrechterhalten und hat mit 1380 Jahren eine ausreichend große Halbwertszeit, um sowohl als Kernbrennstoff als auch Spaltstoff für eine Atombombe zu dienen. Es kann allerdings nicht in einem Reaktor erbrütet werden und ist damit in der Produktion noch aufwendiger und kostenintensiver als die anderen genannten Isotope. Damit einher geht eine noch geringere Verfügbarkeit, was angesichts der benötigten Masse von mindestens 35,2 kg (kritische Masse mit Stahlreflektor) als Ausschlusskriterium angesehen werden kann.[36]

## Verwendung

Die Verwendung für Berkeliumisotope beruht hauptsächlich in der wissenschaftlichen Grundlagenforschung. $^{249}$Bk ist ein gängiges Nuklid zur Synthese noch schwererer Transurane und Transactinoide wie Lawrencium, Rutherfordium und Bohrium.[38] Es dient auch als Quelle für das Isotop $^{249}$Cf, welches Studien über die Chemie des Californiums ermöglicht. Es hat den Vorzug vor dem radioaktiveren $^{252}$Cf, welches ansonsten durch Neutronenbeschuss im High-Flux-Isotope Reactor (HFIR) erzeugt wird.[39]

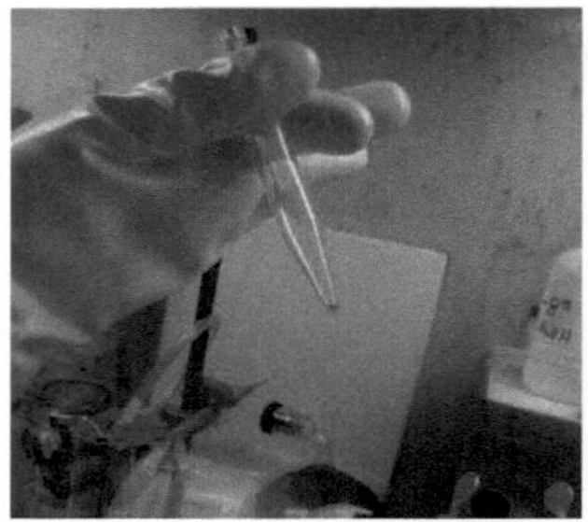

Die Berkeliumprobe für die Synthese von Ununseptium (in gelöster Form)[37]

Eine 22-Milligramm-Probe $^{249}$Bk wurde im Jahr 2009 in einer 250-Tage-Bestrahlung hergestellt und dann in einem 90-Tage-Prozess in Oak Ridge gereinigt. Diese Probe führte zu den ersten 6 Atomen des Elements Ununseptium am Vereinigten Institut für Kernforschung (JINR), Dubna, Russland, nach einem Beschuss mit Calcium-Ionen im U400-Zyklotron für 150 Tage. Diese Synthese war ein Höhepunkt der russisch-amerikanischen Zusammenarbeit zwischen JINR und Lawrence Livermore National Laboratory bei der Synthese der Elemente 113 bis 118, die 1989 gestartet wurde.[40] [41]

## Verbindungen

*→ Kategorie: Berkeliumverbindung*

Obwohl das Isotop $^{247}$Bk die längste Halbwertszeit ausweist, ist das Isotop $^{249}$Bk leichter zugänglich und wird überwiegend für die Bestimmung der chemischen Eigenschaften herangezogen.

### Oxide

Von Berkelium existieren Oxide der Oxidationsstufen +3 ($Bk_2O_3$) und +4 ($BkO_2$).[42]

Berkelium(IV)-oxid ($BkO_2$) ist ein brauner Feststoff und kristallisiert im kubischen Kristallsystem in der Fluorit-Struktur in der Raumgruppe *Fm3m* mit den Koordinationszahlen Cf[8], O[4]. Der Gitterparameter beträgt 533,4 ± 0,5 pm.[43]

Berkelium(III)-oxid ($Bk_2O_3$) entsteht aus $BkO_2$ durch Reduktion mit Wasserstoff:

Es ist ein gelbgrüner Feststoff mit einem Schmelzpunkt von 1920 °C.[44] Es bildet ein kubisch-raumzentriertes Kristallgitter mit $a$ = 1088,0 ± 0,5 pm.[43]

## Halogenide

Halogenide sind für die Oxidationsstufen +3 und +4 bekannt.[45] Die stabilste Stufe +3 ist für sämtliche Verbindungen von Fluor bis Iod bekannt und auch in wässriger Lösung stabil. Die vierwertige Stufe ist nur in der festen Phase stabilisierbar.

| Oxidationszahl | F | Cl | Br | I |
|---|---|---|---|---|
| +4 | Berkelium(IV)-fluorid<br>$BkF_4$<br>gelbgrün | | | |
| +3 | Berkelium(III)-fluorid<br>$BkF_3$<br>gelbgrün | Berkelium(III)-chlorid<br>$BkCl_3$<br>grün | Berkelium(III)-bromid<br>$BkBr_3$<br>gelbgrün | Berkelium(III)-iodid<br>$BkI_3$<br>gelb |

Berkelium(IV)-fluorid ($BkF_4$) ist eine gelbgrüne Ionenverbindung und kristallisiert im monoklinen Kristallsystem und ist isotyp mit Uran(IV)-fluorid.[46]

Berkelium(III)-fluorid ($BkF_3$) ist ein gelbgrüner Feststoff und besitzt zwei kristalline Strukturen, die temperaturabhängig sind (Umwandlungstemperatur: 350 bis 600 °C). Bei niedrigen Temperaturen ist die orthorhombische Struktur ($YF_3$-Typ) zu finden. Bei höheren Temperaturen bildet es ein trigonales System ($LaF_3$-Typ).[47] [46]

Berkelium(III)-chlorid ($BkCl_3$) ist ein grüner Feststoff mit einem Schmelzpunkt von 603 °C[45] und kristallisiert im hexagonalen Kristallsystem.[48] [49] Seine Kristallstruktur ist isotyp mit Uran(III)-chlorid ($UCl_3$). Das Hexahydrat ($BkCl_3 \cdot 6\ H_2O$) weist eine monokline Kristallstruktur auf.[50]

Berkelium(III)-bromid ($BkBr_3$) ist ein gelbgrüner Feststoff und kristallisiert bei niedrigen Temperaturen im $PuBr_3$-Typ, bei höheren Temperaturen im $AlCl_3$-Typ.[51]

Berkelium(III)-iodid ($BkI_3$) ist ein gelber Feststoff und kristallisiert im hexagonalen System ($BiI_3$-Typ).[52] [53] [54]

Die Oxihalogenide BkOCl, BkOBr und BkOI besitzen eine tetragonale Struktur vom PbFCl-Typ.[55] [56]

## Chalkogenide und Pentelide

Berkelium(III)-sulfid ($Bk_2S_3$) wurde entweder durch Behandeln von Berkelium(III)-oxid mit einem Gemisch von Schwefelwasserstoff und Kohlenstoffdisulfid bei 1130 °C dargestellt, oder durch die direkte Umsetzung von metallischem Berkelium mit Schwefel. Dabei entstanden bräunlich-schwarze Kristalle mit kubischer Symmetrie und einer Gitterkonstanten von $a = 844$ pm.[55] [57]

Die Pentelide des Berkeliums ($^{249}Bk$) des Typs BkX sind für die Elemente Stickstoff,[58] Phosphor, Arsen und Antimon dargestellt worden. Ihre Herstellung erfolgt durch die Reaktion von entweder Berkelium(III)-hydrid ($BkH_3$) oder metallischem Berkelium mit diesen Elementen bei erhöhter Temperatur im Hochvakuum in Quarzampullen. Sie kristallisieren im NaCl-Gitter mit den Gitterkonstanten 495,1 pm für BkN, 566,9 pm für BkP, 582,9 pm für BkAs und 619,1 pm für BkSb.[59]

### Weitere anorganische Verbindungen

Berkelium(III)- und Berkelium(IV)-hydroxid sind beide als Suspension in 1 M Natronlauge stabil und wurden spektroskopisch untersucht.[60] Berkelium(III)-phosphat ($BkPO_4$) wurde als Feststoff dargestellt, der eine starke Fluoreszenz bei einer Anregung durch einen Argon-Laser (514,5 nm-Linie) zeigt.[61] [62]

Weitere Salze des Berkeliums sind bekannt, z. B. $Bk_2O_2S$, $(BkNO_3)_3 \cdot 4\,H_2O$, $BkCl_3 \cdot 6\,H_2O$, $Bk_2(SO_4)_3 \cdot 12\,H_2O$ und $Bk_2(C_2O_4)_3 \cdot 4\,H_2O$.[63] [57] Eine thermische Zersetzung in einer Argonatmosphäre bei ca. 600 °C (um eine Oxidation zum $BkO_2$ vermeiden) von $Bk_2(SO_4)_3 \cdot 12\,H_2O$ führt zu raumzentrierten orthorhombischen Kristallen von Berkelium(III)-oxisulfat ($Bk_2O_2SO_4$). Diese Verbindung ist unter Schutzgas bis mindestens 1000 °C thermisch stabil.[64] [57]

Berkeliumhydride werden durch Umsetzung des Metalls mit Wasserstoffgas bei Temperaturen über 250 °C hergestellt.[58] Sie bilden nicht-stöchiometrische Zusammensetzungen mit der nominalen Formel $BkH_{2+x}$ ($0 < x < 1$). Während die Trihydride eine hexagonale Symmetrie besitzen, kristallisiert das Dihydrid in einer *fcc*-Struktur mit der Gitterkonstanten $a$ = 523 pm.[55] [65]

### Metallorganische Verbindungen

Berkelium bildet einen trigonalen $(\eta^5\text{–}C_5H_5)_3Bk$-Komplex mit drei Cyclopentadienylringen, die durch Umsetzung von Berkelium(III)-chlorid mit geschmolzenem $Be(C_5H_5)_2$ bei etwa 70 °C synthetisiert werden können. Es besitzt eine gelbe Farbe und orthorhombische Symmetrie mit den Gitterkonstanten $a$ = 1411 pm, $b$ = 1755 pm und $c$ = 963 pm sowie einer berechneten Dichte von 2,47 g/cm$^3$. Der Komplex ist bis mindestens 250 °C stabil und sublimiert bei ca. 350 °C. Die hohe Radioaktivität bewirkt allerdings eine schnelle Zerstörung der Verbindungen innerhalb weniger Wochen.[66] [67] Ein $C_5H_5$-Ring im $(\eta^5\text{–}C_5H_5)_3Bk$ kann durch Chlor ersetzt werden, wobei das dimere $[Bk(C_5H_5)_2Cl]_2$ entsteht. Das optische Absorptionsspektrum dieser Verbindung ist sehr ähnlich zum $(\eta^5\text{–}C_5H_5)_3Bk$.[68] [64] [69]

## Sicherheitshinweise

Einstufungen nach der Gefahrstoffverordnung liegen nicht vor, weil diese nur die chemische Gefährlichkeit umfassen und eine völlig untergeordnete Rolle gegenüber den auf der Radioaktivität beruhenden Gefahren spielen. Auch Letzteres gilt nur, wenn es sich um eine dafür relevante Stoffmenge handelt.

## Einzelnachweise


[1] Die Werte der atomaren und physikalischen Eigenschaften (Infobox) sind, wenn nicht anders angegeben, entnommen aus: David E. Hobart and Joseph R. Peterson: Berkelium (http://radchem.nevada.edu/classes/rdch710/files/Berkelium.pdf), in: Lester R. Morss, Norman M. Edelstein, Jean Fuger (Hrsg.): *The Chemistry of the Actinide and Transactinide Elements*, Springer, Dordrecht 2006; ISBN 1-4020-3555-1, S. 1444–1498; doi: 10.1007/1-4020-3598-5_10 (http://dx.doi.org/10.1007/1-4020-3598-5_10).

[2] J. R. Peterson, J. A. Fahey, R. D. Baybarz: „The Crystal Structures and Lattice Parameters of Berkelium Metal", in: *J. Inorg. Nucl. Chem.*, **1971**, *33* (10), S. 3345–3351; doi: 10.1016/0022-1902(71)80656-5 (http://dx.doi.org/10.1016/0022-1902(71)80656-5).

[3] Die Werte der atomaren und physikalischen Eigenschaften (Infobox) sind, wenn nicht anders angegeben, entnommen aus: David E. Hobart and Joseph R. Peterson: Berkelium (http://radchem.nevada.edu/classes/rdch710/files/Berkelium.pdf), in: Lester R. Morss, Norman M. Edelstein, Jean Fuger (Hrsg.): *The Chemistry of the Actinide and Transactinide Elements*, Springer, Dordrecht 2006; ISBN 1-4020-3555-1, S. 1444–1498; doi: 10.1007/1-4020-3598-5_10 (http://dx.doi.org/10.1007/1-4020-3598-5_10).

[4] Die Werte der atomaren und physikalischen Eigenschaften (Infobox) sind, wenn nicht anders angegeben, entnommen aus: David E. Hobart and Joseph R. Peterson: Berkelium (http://radchem.nevada.edu/classes/rdch710/files/Berkelium.pdf), in: Lester R. Morss, Norman M. Edelstein, Jean Fuger (Hrsg.): *The Chemistry of the Actinide and Transactinide Elements*, Springer, Dordrecht 2006; ISBN 1-4020-3555-1, S. 1444–1498; doi: 10.1007/1-4020-3598-5_10 (http://dx.doi.org/10.1007/1-4020-3598-5_10).

[5] Hobart, Peterson (2006), S. 1482.

[6] G. Audi, O. Bersillon, J. Blachot, A. H. Wapstra: „The NUBASE evaluation of nuclear and decay properties" (http://www.nndc.bnl.gov/amdc/nubase/Nubase2003.pdf), in: *Nuclear Physics A*, 729, 2003, S. 3–128.

[7] In Bezug auf seine Gefährlichkeit wurde das Element von der EU noch nicht eingestuft, eine verlässliche und zitierfähige Quelle hierzu wurde noch nicht gefunden.

[8] S. G. Thompson, A. Ghiorso, G. T. Seaborg: „Element 97", in: *Physical Review*, **1950**, *77* (6), S. 838–839; doi: 10.1103/PhysRev.77.838.2 (http://dx.doi.org/10.1103/PhysRev.77.838.2).

[9] S. G. Thompson, A. Ghiorso, G. T. Seaborg: „The New Element Berkelium (Atomic Number 97)", in: *Physical Review*, **1950**, *80* (5), S. 781–789; doi: 10.1103/PhysRev.80.781 (http://dx.doi.org/10.1103/PhysRev.80.781); Abstract (http://www.osti.gov/cgi-bin/rd_accomplishments/display_biblio.cgi?id=ACC0045&numPages=38&fp=N); Maschinoskript (26. April 1950) (http://www.osti.gov/accomplishments/documents/fullText/ACC0045.pdf).

[10] Stanley G. Thompson, Glenn T. Seaborg: „Chemical Properties of Berkelium"; doi: 10.2172/932812 (http://dx.doi.org/10.2172/932812); Abstract (http://www.osti.gov/energycitations/product.biblio.jsp?query_id=0&page=0&osti_id=932812); Maschinoskript (24. Februar 1950) (http://www.osti.gov/bridge/servlets/purl/932812-Rk9Mcq/932812.PDF).

[11] S. G. Thompson, B. B. Cunningham, G. T. Seaborg: „Chemical Properties of Berkelium", in: *J. Am. Chem. Soc.*, **1950**, *72* (6), S. 2798–2801; doi: 10.1021/ja01162a538 (http://dx.doi.org/10.1021/ja01162a538).

[12] S. G. Thompson, B. B. Cunningham: „First Macroscopic Observations of the Chemical Properties of Berkelium and Californium", supplement to Paper P/825 presented at the Second International Conference of Peaceful Uses Atomic Energy, Geneva, 1958.

[13] P. R. Fields, M. H. Studier, H. Diamond, J. F. Mech, M. G. Inghram, G. L. Pyle, C. M. Stevens, S. Fried, W. M. Manning (*Argonne National Laboratory, Lemont, Illinois*); A. Ghiorso, S. G. Thompson, G. H. Higgins, G. T. Seaborg (*University of California, Berkeley, California*): „Transplutonium Elements in Thermonuclear Test Debris", in: *Physical Review*, **1956**, *102* (1), S. 180–182; doi: 10.1103/PhysRev.102.180 (http://dx.doi.org/10.1103/PhysRev.102.180).

[14] High Flux Isotope Reactor (http://neutrons.ornl.gov/facilities/HFIR/), Oak Ridge National Laboratory; abgerufen am 23. September 2010.

[15] S. G. Thompson, A. Ghiorso, B. G. Harvey, G. R. Choppin: „Transcurium Isotopes Produced in the Neutron Irradiation of Plutonium", in: *Physical Review*, **1954**, *93* (4), S. 908–908; doi: 10.1103/PhysRev.93.908 (http://dx.doi.org/10.1103/PhysRev.93.908).

[16] L. B. Magnusson, M. H. Studier, P. R. Fields, C. M. Stevens, J. F. Mech, A. M. Friedman, H. Diamond, J. R. Huizenga: „Berkelium and Californium Isotopes Produced in Neutron Irradiation of Plutonium", in: *Physical Review*, **1954**, *96* (6), S. 1576–1582; doi: 10.1103/PhysRev.96.1576 (http://dx.doi.org/10.1103/PhysRev.96.1576).

[17] T. A. Eastwood, J. P. Butler, M. J. Cabell, H. G. Jackson (*Atomic Energy of Canada Limited, Chalk River, Ontario, Canada*); R. P. Schuman, F. M. Rourke, T. L. Collins (*Knolls Atomic Power Laboratory, Schenectady, New York*): „Isotopes of Berkelium and Californium Produced by Neutron Irradiation of Plutonium", in: *Physical Review*, **1957**, *107* (6), S. 1635–1638; doi: 10.1103/PhysRev.107.1635 (http://dx.doi.org/10.1103/PhysRev.107.1635).

[18] Informationen zum Element Berkelium bei www.speclab.com (http://www.speclab.com/elements/berkelium.htm) *(engl.)*; Zugriff: 22. September 2008.

[19] E. K. Hulet: „New Isotope of Berkelium", in: *Physical Review*, **1956**, *102* (1), S. 182–182; doi: 10.1103/PhysRev.102.182 (http://dx.doi.org/10.1103/PhysRev.102.182).

[20] J. Milsted, A. M. Friedman, C. M. Stevens: „The Alpha Half-life of Berkelium-247; a new Long-lived Isomer of Previous Berkelium-248", in: *Nuclear Physics*, **1965**, *71* (2), S. 299–304; doi: 10.1016/0029-5582(65)90719-4 (http://dx.doi.org/10.1016/0029-5582(65)90719-4).

[21] Kimberly E. Williams, Glenn T. Seaborg: „New Isotope $^{242}$Bk", in: *Physical Review C*, **1979**, *19* (5), S. 1794–1800; doi: 10.1103/PhysRevC.19.1794 (http://dx.doi.org/10.1103/PhysRevC.19.1794).

[22] J. C. Spirlet, J. R. Peterson, L. B. Asprey, in: *Advances in Inorganic Chemistry*, Bd. 31 (hrsg. von H. J. Emeléus and A. G. Sharpe), Academic Press, Orlando FL, 1987, S. 1–41.

[23] J. Fuger, R. G. Haire, J. R. Peterson: „A New Determination of the Enthalpy of Solution of Berkelium Metal and the Standard Enthalpy of Formation of $Bk^{3+}$(aq)", in: *J. Inorg. Nucl. Chem.*, **1981**, *43* (12), S. 3209–3212; doi: 10.1016/0022-1902(81)80090-5 (http://dx.doi.org/10.1016/0022-1902(81)80090-5).

[24] S. E. Nave, P. G. Huray, R. G. Haire, in: J. E. Crow, R. P. Guertin, T. W. Mihalisin (Hrsg.): *Crystalline Electric Field and Structural Effects in f-Electron Systems*, Plenum, New York 1980, ISBN 0-306-40443-5, S. 269–274.

[25] Peterson, Hobart (1984), S. 45.

[26] Hobart, Peterson (2006), S. 1460.

[27] Jim C. Sullivan, K. H. Schmidt, L. R. Morss, C. G. Pippin, C. Williams: „Pulse Radiolysis Studies of Berkelium(III): Preparation and Identification of Berkelium(II) in Aqueous Perchlorate Media", in: *Inorg. Chem.*, **1988**, *27* (4), S. 597–598; doi: 10.1021/ic00277a005 (http://dx.doi.org/10.1021/ic00277a005).

[28] Arnold F. Holleman, Nils Wiberg: *Lehrbuch der Anorganischen Chemie*, 102. Auflage, de Gruyter, Berlin 2007, ISBN 978-3-11-017770-1, S. 1956.

[29] Peterson, Hobart (1984), S. 55.

[30] Hobart, Peterson (2006), S. 1472.

[31] Z. Assefa, R. G. Haire, N. A. Stump: „Emission profile of Bk(III) in a silicate matrix: anomalous dependence on excitation power", in: *Journal of Alloys and Compounds*, **1998**, *271–273*, S. 854–858; doi: 10.1016/S0925-8388(98)00233-3 (http://dx.doi.org/10.1016/S0925-8388(98)00233-3).

[32] Rita Cornelis, Joe Caruso, Helen Crews, Klaus Heumann: *Handbook of Elemental Speciation II: Species in the Environment, Food, Medicine & Occupational Health*, John Wiley and Sons, 2005, ISBN 0-470-85598-3, S. 552 ( eingeschränkte Vorschau (http://books.google.de/books?id=1PmjurlE6KkC&pg=PA552#v=onepage) in der *Google Buchsuche*).

[33] G. Pfennig, H. Klewe-Nebenius, W. Seelmann-Eggebert (Hrsg.): Karlsruher Nuklidkarte, 7. Aufl., 2006.

[34] M. B. Chadwick, P. Oblozinsky, M. Herman at al.: „ENDF/B-VII.0: Next Generation Evaluated Nuclear Data Library for Nuclear Science and Technology“, in: *Nuclear Data Sheets*, **2006**, *107* (12), S. 2931–3060; doi: 10.1016/j.nds.2006.11.001 (http://dx.doi.org/10.1016/j.nds.2006.11.001).

[35] A. J. Koning, et al.: „The JEFF evaluated data project“, Proceedings of the International Conference on Nuclear Data for Science and Technology, Nice, 2007; doi: 10.1051/ndata:07476 (http://dx.doi.org/10.1051/ndata:07476).

[36] Institut de Radioprotection et de Sûreté Nucléaire: „Evaluation of nuclear criticality safety data and limits for actinides in transport“, S. 16; PDF (http://ec.europa.eu/energy/nuclear/transport/doc/irsn_sect03_146.pdf).

[37] Finally, Element 117 Is Here! (http://news.sciencemag.org/sciencenow/2010/04/finally-element-117-is-here.html), Science Now, 7. April 2010.

[38] Hobart, Peterson (2006), S. 1445–1448.

[39] Richard G. Haire: Californium (http://radchem.nevada.edu/classes/rdch710/files/Californium.pdf), in: Lester R. Morss, Norman M. Edelstein, Jean Fuger (Hrsg.): *The Chemistry of the Actinide and Transactinide Elements*, Springer, Dordrecht 2006; ISBN 1-4020-3555-1, S. 1499–1576; doi: 10.1007/1-4020-3598-5_11 (http://dx.doi.org/10.1007/1-4020-3598-5_11).

[40] Collaboration Expands the Periodic Table, One Element at a Time (https://str.llnl.gov/OctNov10/shaughnessy.html), Science and Technology Review, Lawrence Livermore National Laboratory, October/November 2010.

[41] Nuclear Missing Link Created at Last: Superheavy Element 117 (http://www.sciencedaily.com/releases/2010/04/100406181611.htm), Science daily, 7. April 2010.

[42] J. R. Peterson, B. B. Cunningham: „Crystal Structures and Lattice Parameters of the Compounds of Berkelium I. Berkelium Dioxide and Cubic Berkelium Sesquioxide“, in: *Inorg. Nucl. Chem. Lett.*, **1967**, *3* (9), S. 327–336; doi: 10.1016/0020-1650(67)80037-0 (http://dx.doi.org/10.1016/0020-1650(67)80037-0).

[43] R. D. Baybarz: „The Berkelium Oxide System“, in: *J. Inorg. Nucl. Chem.*, **1968**, *30* (7), S. 1769–1773; doi: 10.1016/0022-1902(68)80352-5 (http://dx.doi.org/10.1016/0022-1902(68)80352-5).

[44] Arnold F. Holleman, Nils Wiberg: *Lehrbuch der Anorganischen Chemie*, 102. Auflage, de Gruyter, Berlin 2007, ISBN 978-3-11-017770-1, S. 1972.

[45] Arnold F. Holleman, Nils Wiberg: *Lehrbuch der Anorganischen Chemie*, 102. Auflage, de Gruyter, Berlin 2007, ISBN 978-3-11-017770-1, S. 1969.

[46] D. D. Ensor, J. R. Peterson, R. G. Haire, J. P. Young: „Absorption Spectrophotometric Study of Berkelium (III) and (IV) Fluorides in the Solid State“, in: *J. Inorg. Nucl. Chem.*, **1981**, *43* (5), S. 1001–1003; doi: 10.1016/0022-1902(81)80164-9 (http://dx.doi.org/10.1016/0022-1902(81)80164-9).

[47] J. R. Peterson, B. B. Cunningham: „Crystal Structures and Lattice Parameters of the Compounds of Berkelium IV. Berkelium Trifluoride“, in: *J. Inorg. Nucl. Chem.*, **1968**, *30* (7), S. 1775–1784; doi: 10.1016/0022-1902(68)80353-7 (http://dx.doi.org/10.1016/0022-1902(68)80353-7).

[48] J. R. Peterson, B. B. Cunningham: „Crystal Structures and Lattice Parameters of the Compounds of Berkelium II. Berkelium Trichloride“, in: *J. Inorg. Nucl. Chem.*, **1968**, *30* (3), S. 823–828; doi: 10.1016/0022-1902(68)80443-9 (http://dx.doi.org/10.1016/0022-1902(68)80443-9).

[49] J. R. Peterson, J. P. Young, D. D. Ensor, R. G. Haire: „Absorption Spectrophotometric and X-Ray Diffraction Studies of the Trichlorides of Berkelium-249 and Californium-249“, in: *Inorg. Chem.*, **1986**, *25* (21), S. 3779–3782; doi: 10.1021/ic00241a015 (http://dx.doi.org/10.1021/ic00241a015).

[50] John H. Burns, Joseph Richard Peterson: „The Crystal Structures of Americium Trichloride Hexahydrate and Berkelium Trichloride Hexahydrate“, in: *Inorg. Chem.*, **1971**, *10* (1), S. 147–151; doi: 10.1021/ic50095a029 (http://dx.doi.org/10.1021/ic50095a029).

[51] John H. Burns, J. R. Peterson, J. N. Stevenson: „Crystallographic Studies of some Transuranic Trihalides: $^{239}PuCl_3$, $^{244}CmBr_3$, $^{249}BkBr_3$ and $^{249}CfBr_3$“, in: *J. Inorg. Nucl. Chem.*, **1975**, *37* (3), S. 743–749; doi: 10.1016/0022-1902(75)80532-X (http://dx.doi.org/10.1016/0022-1902(75)80532-X).

[52] Peterson, Hobart (1984), S. 48.

[53] Hobart, Peterson (2006), S. 1469.

[54] R. L. Fellows, J. P. Young, R. G. Haire, in: *Physical–Chemical Studies of Transuranium Elements* (Progress Report April 1976–March 1977) (hrsg. von J. R. Peterson), U.S. Energy Research and Development Administration Document ORO-4447-048, University of Tennessee, Knoxville, S. 5–15.

[55] Peterson, Hobart (1984), S. 53.

[56] Hobart, Peterson (2006), S. 1465, 1470.

[57] Hobart, Peterson (2006), S. 1470.

[58] J. N. Stevenson, J. R. Peterson: „Preparation and Structural Studies of Elemental Curium-248 and the Nitrides of Curium-248 and Berkelium-249“, in: *Journal of the Less Common Metals*, **1979**, *66* (2), S. 201–210; doi: 10.1016/0022-5088(79)90229-7 (http://dx.doi.org/10.1016/0022-5088(79)90229-7).

[59] D. Damien, R. G. Haire, J. R. Peterson: „Preparation and Lattice Parameters of $^{249}Bk$ Monopnictides“, in: *J. Inorg. Nucl. Chem.*, **1980**, *42* (7), S. 995–998; doi: 10.1016/0022-1902(80)80390-3 (http://dx.doi.org/10.1016/0022-1902(80)80390-3).

[60] Hobart, Peterson (2006), S. 1455.

[61] Peterson, Hobart (1984), S. 39–40.

[62] Hobart, Peterson (2006), S. 1470–1471.

[63] Peterson, Hobart (1984), S. 47.

[64] Peterson, Hobart (1984), S. 54.
[65] Hobart, Peterson (2006), S. 1463.
[66] Christoph Elschenbroich: *Organometallchemie*, 6. Auflage, Wiesbaden 2008, ISBN 978-3-8351-0167-8, S. 583–584.
[67] Peter G. Laubereau, John H. Burns: „Microchemical Preparation of Tricyclopentadienyl Compounds of Berkelium, Californium, and some Lanthanide Elements“, in: *Inorg. Chem.*, **1970**, *9* (5), S. 1091–1095; doi: 10.1021/ic50087a018 (http://dx.doi.org/10.1021/ic50087a018).
[68] P. G. Lauberau: „The formation of dicyclopentadienylberkeliumchloride“, in: *Inorg. Nucl. Chem. Lett.*, **1970**, *6*, S. 611–616; doi: 10.1016/0020-1650(70)80057-5 (http://dx.doi.org/10.1016/0020-1650(70)80057-5).
[69] Hobart, Peterson (2006), S. 1471.

# Literatur

- David E. Hobart and Joseph R. Peterson: Berkelium (http://radchem.nevada.edu/classes/rdch710/files/Berkelium.pdf), in: Lester R. Morss, Norman M. Edelstein, Jean Fuger (Hrsg.): *The Chemistry of the Actinide and Transactinide Elements*, Springer, Dordrecht 2006; ISBN 1-4020-3555-1, S. 1444–1498; doi: 10.1007/1-4020-3598-5_10 (http://dx.doi.org/10.1007/1-4020-3598-5_10).
- *Gmelins Handbuch der anorganischen Chemie*, System Nr. 71, Transurane: Teil A 1 I, S. 38–40; Teil A 1 II, S. 19, 326–336; Teil B 1, S. 72–76.
- „The Solution Absorption Spectrum of $Bk^{3+}$ and the Crystallography of Berkelium Dioxide, Sesquioxide, Trichloride, Oxychloride, and Trifluoride“, Ph.D. Thesis, Joseph Richard Peterson, October 1967, U. S. Atomic Energy Commission Document Number UCRL-17875 (1967).
- J. R. Peterson, D. E. Hobart: „The Chemistry of Berkelium“ (http://books.google.com/books?id=U-YOlLVuV1YC&pg=PA29), in: Harry Julius Emeleus (Hrsg.): *Advances in inorganic chemistry and radiochemistry*, Volume 28, Academic Press, 1984, ISBN 0-12-023628-1, S. 29–64; doi: 10.1016/S0898-8838(08)60204-4 (http://dx.doi.org/10.1016/S0898-8838(08)60204-4)
- G. T. Seaborg (Hrsg.): *Proceedings of the 'Symposium Commemorating the 25$^{th}$ Anniversary of the Discovery of Elements 97 and 98'* (http://escholarship.org/uc/item/24p9d6qf.pdf), 20. Januar 1975; Report LBL-4366, Juli 1976.
- Harry H. Binder: *Lexikon der chemischen Elemente*, S. Hirzel Verlag, Stuttgart 1999, ISBN 3-7776-0736-3, S. 58–62.

# Weblinks

- Amanda Yarnell: Berkelium (http://pubs.acs.org/cen/80th/berkelium.html), Chemical & Engineering News, 2003
- Elementymology & Elements Multidict *by Peter van der Krogt* (Berkelium) (http://elements.vanderkrogt.net/element.php?sym=Bk) *(engl.)*
- www.webelements.com (Berkelium) (http://www.webelements.com/berkelium/)

# Summenformel

Eine **Summenformel**, auch **Molekülformel** (oft auch unpräzise **Chemismus**), dient in der Chemie dazu, die Anzahl der gleichartigen Atome in einem Molekül oder in der Formeleinheit eines Salzes anzugeben. Sie gibt also das Teilchenzahlenverhältnis und damit auch das Stoffmengenverhältnis der Teilchen an, die im Molekül bzw. in der Formeleinheit enthalten sind, und ist nicht zu verwechseln mit der Verhältnisformel, die das Zahlenverhältnis aller beteiligten Teilchen in chemischen Verbindungen beschreibt.

## Aufbau

Die Summenformel eines Stoffes besteht aus den Symbolen der enthaltenen chemischen Elemente und kleinen, tiefgestellten Ziffern für deren jeweilige Anzahl in dieser Verbindung. Diese Anzahl der Atome steht als Index immer rechts tiefgestellt neben dem Atomsymbol, wobei die Ziffer „1" nicht ausgeschrieben wird (statt „$H_2O_1$" wird für Wasser etwa „$H_2O$" geschrieben).[1]

### Sortierung

Das Element höherer Elektronegativität (im Periodensystem in der Regel weiter rechts oder oben) steht in der Summenformel wie auch im Namen des Stoffes üblicherweise rechts von einem Element niedrigerer Elektronegativität. So wird beispielsweise Kochsalz (Natriumchlorid) als „NaCl" und nicht als „ClNa" geschrieben.

In Tabellenwerken und Datenbanken wird jedoch – insbesondere bei organischen Verbindungen – zumeist das Hill-System bevorzugt, das Kohlenstoffe vor Wasserstoff und alle anderen Atomsymbole streng alphabetisch sortiert.

## Beispiele und Unterscheidung

- NaCl, Kochsalz, besteht aus Natrium- und Chlor-Ionen im Zahlen- und Stoffmengenverhältnis $N(\text{Na}) : N(\text{Cl}) = n(\text{Na}) : n(\text{Cl}) = 1:1$;
- $H_2O$, ein Wasser-Molekül besteht aus zwei Wasserstoff-Atomen (H) und einem Sauerstoff-Atom (O) (Atomzahlen- bzw. Stoffmengenverhältnis 2:1);
- $H_2SO_4$, ein Schwefelsäure-Molekül, besteht aus zwei Wasserstoff-Atomen, einem Schwefel-Atom (S) und 4 Sauerstoff-Atomen (Atomzahlen- bzw. Stoffmengenverhältnis 2:1:4).

| Molekül | Summenformel | Gruppenformel | Konstitutionsformel | Skelettformel |
|---|---|---|---|---|
| Essigsäure | $C_2H_4O_2$ | $CH_3COOH$ | | |
| Ethanol | $C_2H_6O$ | $CH_3CH_2OH$ | | |

Bei einfachen Verbindungen ist die Molekül-/Summenformel die gleiche wie die *Verhältnisformel*, die das kleinstmögliche Zahlenverhältnis angibt.

Wenn sich – wie im Kochsalz – Elemente im Mengenverhältnis 1:1 verbinden, bestehen Kochsalzteilchen dann aus jeweils nur zwei Atomen? Die Summenformel sagt nichts über die Struktur einer Verbindung aus Ionen oder auch eines Moleküls aus. Dazu wird die Strukturformel verwendet. Bei einfachen Molekülen reicht die Summenformel jedoch für eine eindeutige Beschreibung des Moleküls aus.

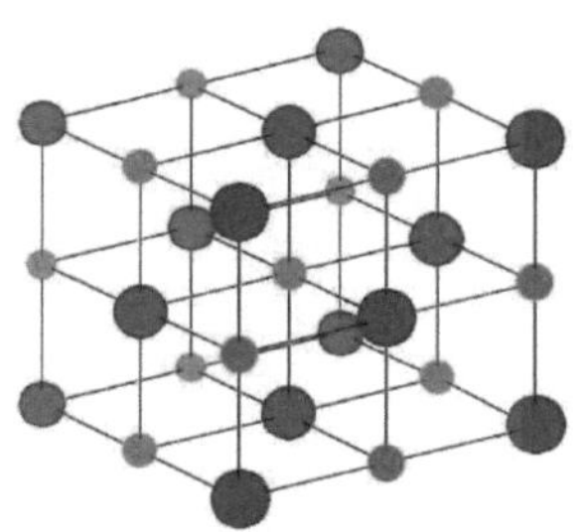

Kochsalzkristall im Modell

## Zur Geschichte der Summenformeln

Schon die Alchimisten symbolisierten Stoffe in Form verschiedenster Zeichen. Jöns Jakob Berzelius führte eine bis heute gebräuchliche Symbolschreibweise ein: Die Elemente werden in der Regel durch den oder die beiden Anfangsbuchstaben des lateinischen Namens des Elementes gebildet, z. B.:

Berzelius-Statue im Berzelii Park (Stockholm)

- H für Wasserstoff (*hydrogenium*),
- O für Sauerstoff (*oxygenium*),
- Fe für Eisen (*ferrum*),
- Au für Gold (*aurum*),
- Hg für Quecksilber (*hydrargyrum*),
- Pb für Blei (*plumbum*).

## Zur Bedeutung von Summenformeln

Die Summenformel einer Verbindung sagt etwas über die Stoffmengenverhältnisse aus, in denen die am Aufbau der Verbindung beteiligten Elemente in der Verbindung vorliegen. Sie bildet damit die Grundlage für alle stöchiometrischen Berechnungen mit der Verbindung:

- In Kochsalz (Natriumchlorid) ist das Stoffmengenverhältnis von Natrium zu Chlor $n(\mathrm{Na}) : n(\mathrm{Cl}) = 1 : 1$ (vgl. Abbildung), oder als einfache Größengleichung geschrieben: $n(\mathrm{Na}) = n(\mathrm{Cl})$
- im Wasser $H_2O$ ist das Stoffmengenverhältnis $n(\mathrm{H}) : n(\mathrm{O}) = 2 : 1$, oder als einfache Größengleichung geschrieben: $n(\mathrm{H}) = 2 * n(\mathrm{O})$
- im Aluminiumoxid $Al_2O_3$ : $n(\mathrm{Al}) : n(\mathrm{O}) = 2 : 3$ bzw. als Größengleichung: $3 * n(\mathrm{Al}) = 2 * n(\mathrm{O})$
- im Hexan $C_6H_{14}$ $n(\mathrm{C}) : n(\mathrm{H}) = 6 : 14 = 3 : 7$ (Die Verhältnisformel des gleichen Moleküls wäre daher $C_3H_7$; sie repräsentiert aber kein chemisch sinnvolles, ungeladenes Molekül, denn *n*-Hexan hat die Strukturformel $CH_3CH_2CH_2CH_2CH_2CH_3$, was zeigt, dass eine Kette von 6 Kohlenstoffatomen und 14 Wasserstoffatomen vorliegt.).

Summenformeln werden auch bei der Formulierung von chemischen Reaktionsgleichungen benutzt. Dabei werden die Ausgangs- und Endstoffe der Reaktion (Edukte und Produkte) im Reaktionsschema in der anorganischen Chemie in der Regel in Form von Summenformeln angegeben. In der organischen Chemie werden nur selten Summenformeln verwendet, weil sie keine für den Ablauf der chemischen Reaktion wichtigen Informationen enthalten.

## Siehe auch

- Halbstrukturformel
- Konstitutionsformel
- Formeleinheit
- Stöchiometrie
- Reaktionsschema
- Stoffmenge in Mol

## Einzelnachweise

[1] *Brockhaus ABC Chemie*, VEB F. A. Brockhaus Verlag Leipzig 1965, S. 433.

# Salze

Als **Salze** bezeichnet man chemische Verbindungen, die aus positiv geladenen Ionen, den so genannten Kationen, und negativ geladenen Ionen, den so genannten Anionen, aufgebaut sind.[1] Zwischen diesen Ionen liegen ionische Bindungen vor.[2] Bei *anorganischen Salzen* werden die Kationen häufig von Metallen und die Anionen häufig von Nichtmetallen oder deren Oxiden gebildet. Als Feststoff bilden sie gemeinsam ein Ionengitter. Als *organische Salze* bezeichnet man alle Verbindungen, bei denen mindestens ein Anion oder Kation eine organische Verbindung ist.

## Anorganische Salze

Im engsten Sinn versteht man unter Salz das Natriumchlorid (NaCl, Speisesalz). Im weiten Sinn bezeichnet man alle Verbindungen, die wie NaCl aus Anionen und Kationen aufgebaut sind – wie zum Beispiel Calciumchlorid ($CaCl_2$) – als Salze. Natriumchlorid ist aus den Kationen $Na^+$ und Anionen $Cl^-$ aufgebaut. Das Salz Calciumchlorid wird von $Ca^{2+}$ und $Cl^-$ gebildet. Die Formeln NaCl und $CaCl_2$ sind die Verhältnisformeln der Verbindungen (Na:Cl=1:1, bzw. Ca:Cl=1:2).

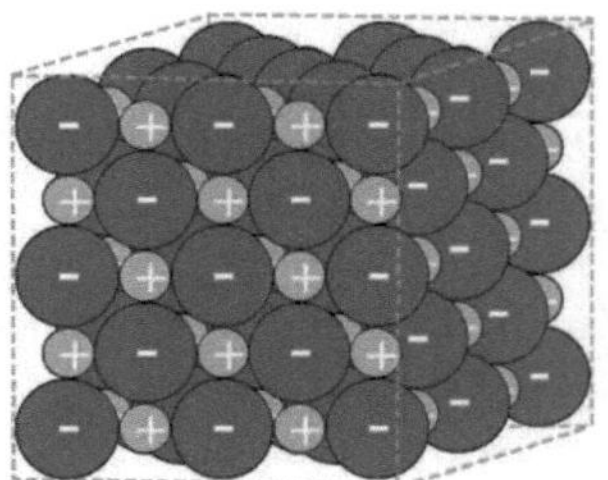

Kugelgitter: Struktur von Natriumchlorid; die Natriumionen sind grün, die Chloridionen blau dargestellt

Die Verhältnisformel eines Salzes wird durch die Ladungszahl der Ionen bestimmt, da sich positive und negative Ladungen kompensieren müssen. Verhältnisformeln stehen im klaren Gegensatz zu Formeln von individuellen Verbindungen wie Wasser ($H_2O$) oder Methan ($CH_4$), die Moleküle sind.

Bei anorganischen Salzen liegen zwischen den Ionen Ionenbindungen vor. Eine sehr hohe Zahl von Ionen bilden unter Einhaltung der jeweiligen Verhältnisformel ein Ionengitter mit einer bestimmten Kristallstruktur. Die Abbildung rechts zeigt einen kleinen Ausschnitt aus dem Aufbau eines Natriumchlorid-Kristallgitters. Da recht viele verschiedene Kationen und Anionen existieren, sind auch eine hohe Zahl unterschiedlicher Salze bekannt. Einige der Ionen sind unten in den Tabellen aufgelistet.

Anders als das Halogenid $Cl^-$ bilden andere Nichtmetalle oxidische Anionen. Stickstoff kann unter anderem das Nitrat-Anion ($NO_3^-$) bilden. Das Sulfat-Anion ($SO_4^{2-}$) ist auch ein oxidisches Anion, trägt aber zwei negative Ladungen. Bei oxidischen Anionen ist der Sauerstoff mit dem anderen beteiligten Element fest mit kovalenten Bindungen verbunden. Ionische Bindungen liegen nur zwischen den Anionen und Kationen vor. Unter den Nitraten ist beispielsweise Natriumnitrat ($NaNO_3$), unter den Sulfaten Natriumsulfat ($Na_2SO_4$) bekannt. Die Kationen werden meist von Metallen gebildet. Sie können ein- oder mehrwertig sein, also eine oder mehrere positive Ladungen tragen. Salze, die von Metallkationen gebildet werden, nennt man gelegentlich *Metallsalze*.

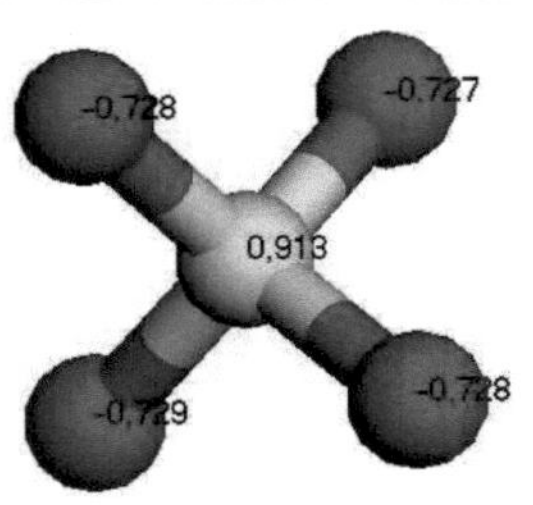

Die Struktur des Sulfat-Anions ($SO_4^{2-}$)

## Beispiele von Kationen und Anionen

| Kationen | | |
|---|---|---|
| **einwertige** | **zweiwertige** | **dreiwertige** |
| Kalium, $K^+$ | Calcium, $Ca^{2+}$ | Eisen(III), $Fe^{3+}$ |
| Natrium, $Na^+$ | Magnesium, $Mg^{2+}$ | Aluminium, $Al^{3+}$ |
| Ammonium, $NH_4^+$ | Eisen(II), $Fe^{2+}$ | |

| Anionen | | | |
|---|---|---|---|
| **einwertige** | **zweiwertige** | **oxidische** | **metallische** |
| Fluoride, $F^-$ | Oxide, $O^{2-}$ | Carbonate, $CO_3^{2-}$ | Chromate, $CrO_4^{2-}$ |
| Chloride, $Cl^-$ | Sulfide, $S^{2-}$ | Sulfate, $SO_4^{2-}$ | Permanganate, $MnO_4^-$ |
| Bromide, $Br^-$ | | Phosphate, $PO_4^{3-}$ | **komplexe** |
| Iodide, $I^-$ | | Nitrate, $NO_3^-$ | Hexacyanoferrate(II), $[Fe^{II}(CN)_6]^{4-}$ |

## Eigenschaften von Salzen

- Viele Salze sind bei Raumtemperatur Feststoffe mit relativ hohen Schmelzpunkten. Etliche Salze sind recht hart und spröde und haben glatte Bruchkanten bei mechanischer Bearbeitung. Diese Eigenschaften sind recht typisch für Feststoffe, die durch ein Ionengitter aufgebaut sind und daher Kristalle bilden. Aber nicht jeder kristalline Stoff ist ein Salz. So bildet Zucker (Saccharose) auch Kristalle, hat aber kein Ionengitter und zählt nicht zu den Salzen.

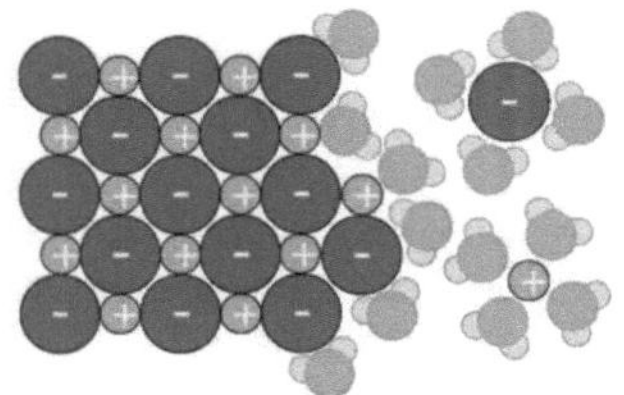
Lösen von Natriumchlorid in Wasser: Rechts sind von Wassermolekülen ummantelte (hydratisierte) Ionen dargestellt

- Zahlreiche Salze sind löslich in Wasser und unlöslich in den meisten organischen Lösungsmitteln. Bei wasserlöslichen Salzen überwindet das Wasser die Gitterenergie des Ionengitters durch Hydratation. Ist die Hydrationsenergie ähnlich groß oder größer als die Gitterenergie, ist das Salz mäßig oder gut löslich. In Lösungen sind die einzelnen Ionen von Wassermolekülen recht eng und intensiv ummantelt. Als Reaktion wird dies in der

Chemie oft so dargestellt:

Das (s) weist auf einen Feststoff hin und (aq) markiert, dass das Ion hydratisiert vorliegt.

- Das Lösen von Salzen in Wasser kann den pH-Wert der jeweiligen Lösung verändern. Beeinflusst das Salz den Wert nicht, spricht man von *neutralen Salzen.* Zu den neutralen Salzen zählt auch das Natriumchlorid. Andere Salze heben oder senken den pH-Wert. Man spricht von *basischen* oder *sauren Salzen.* Wie ein bestimmtes Salz reagiert, lässt sich nur schwierig aus der Zusammensetzung der Verbindung abschätzen. Grundsätzlich gilt jedoch: Anionen (Säurereste) starker Säuren reagieren meist neutral. Säurereste von schwachen Säuren reagieren meist basisch. Beispielhaft für Salze, von denen mehrprotonige Säuren bekannt sind, ist das Verhalten der Phosphate. Das Lösen von Salzen in wässrigen Lösungen von organischen Molekülen , wie z.B. von Biomolekülen, kann zur Denaturierung der Biomoleküle führen oder auch die Ausfällung der Makromoleküle bewirken. Diese Wirkung von Salzen wird durch die sogenannte Hofmeister-Reihe charakterisiert.
- Trockene Salzkristalle sind elektrische Isolatoren. Salzschmelzen und wässrige Lösungen leiten hingegen den elektrischen Strom aufgrund ihrer frei beweglichen Ionen als Ladungsträger; sie sind Elektrolyte.

## Weitere Kationen und Anionen

- Unter den Kationen existieren jedoch auch aus Nichtmetallen gebildete Ionen. Das Ammonium-Kation ($NH_4^+$) bildet beispielsweise das Salz Ammoniumsulfat ($(NH_4)_2SO_4$). Zu den Ammoniumverbindungen existieren analoge, organische Verbindungen (Quartäre Ammoniumverbindungen), die weiter unten näher beschrieben werden.
- In Salzen kann auch das Proton ($H^+$) als Kation auftreten, so z. B. das Salz Natrium*hydrogen*sulfat ($NaHSO_4$). Sind nur $H^+$-Ionen vorhanden, spricht man nicht mehr von Salzen. Bei den Sulfaten wäre die Verbindung nur mit Protonen die Schwefelsäure ($H_2SO_4$). Analoge Salze sind auch unter den Phosphaten bekannt: Natriumphosphat, Dinatrium*hydrogen*phosphat, Natrium*dihydrogen*phosphat. Sind nur Protonen vorhanden, nennt man die Verbindung Phosphorsäure ($H_3PO_4$).
- Metalloxide bilden einen großen Teil der Erdkruste und können auch als Salze betrachtet werden. Das Anion $O^{2-}$ (Oxid-Ion) tritt als solches jedoch nur im festen oder geschmolzenen Zustand auf, in wässrigen Lösungen ist es nicht bekannt. Der Sauerstoff im Oxidion hat die Oxidationszahl -2. Die Oxidationszahl der Metalle bestimmt damit die Verhältnisformel der jeweiligen Verbindung: $M^{I}_2O$, $M^{II}O$, $M^{III}_2O_3$. Ist ein Oxid wasserlöslich, findet eine spezifische chemische Reaktion statt, zum Beispiel:

  Natriumoxid reagiert mit Wasser unter Bildung von Hydroxid-Ionen zu Natronlauge.

  Ähnlich reagiert Calciumoxid (CaO), auch *gebrannter Kalk* genannt, zu *gelöschtem Kalk* ($Ca(OH)_2$). Sehr viele Oxide reagieren nicht mit Wasser. Das Eisen(III)-oxid ($Fe_2O_3$) ist keine wasserlösliche Verbindung.
- Sulfide: Mineralien sind in der Natur häufig als Sulfide ($S^{2-}$) zu finden, z. B. Pyrit und Kupferglanz. Auch Sulfide kann man als Salze betrachten. Natriumsulfid ($Na_2S$) ist ein lösliches Salz, die meisten Sulfide, wie Zinksulfid (ZnS) und Kupfer(II)-sulfid (CuS), sind in Wasser so gut wie unlöslich. In der analytischen Chemie wird die unterschiedliche (schlechte) Löslichkeit verschiedener Metallsulfide zur Trennung der Elemente verwendet (im Trennungsgang der Schwefelwasserstoffgruppe).
- Einige Übergangsmetalle können nicht nur Kationen, sondern auch Anionen als Oxide bilden. So kann Chrom die Chromate ($[CrO_4]^{2-}$), das Anion im Kaliumchromat ($K_2[CrO_4]$) und Mangan die Permanganate ($[MnO_4]^-$), das Anion in Kaliumpermanganat ($K[MnO_4]$) bilden.

- Als *komplexe Salze* bezeichnet man Salze, bei denen unter Mitwirkung von *Molekülen* eigenständige (stabile) Ionen vorliegen – im Gegensatz zu Ionen wie $[CrO_4]^{2-}$, die aus Atomen bestehen. Bei Kaliumhexacyanoferrat(II) ($K_4[Fe(CN)_6]$) bildet das Eisenion $Fe^{2+}$ zusammen mit sechs Cyanid-Gruppen ($CN^-$) gemeinsam ein stabiles Anion mit vier negativen Ladungen. Das Hexacyanoferrat(II)-Anion zählt somit zu den Komplexen. Im Salz liegen ionische Bindungen zwischen Kaliumionen und dem Hexacyanoferrat(II)-Anion vor. Analog bildet das Eisenion $Fe^{3+}$ Kaliumhexacyanoferrat(III) ($K_3[Fe(CN)_6]$) ebenfalls ein Komplexsalz. Bei $K_3[Fe(CN)_6]$ bildet das Eisenion $Fe^{3+}$ zusammen mit sechs Cyanid-Gruppen ($CN^-$) gemeinsam ein stabiles Anion mit drei negativen Ladungen.

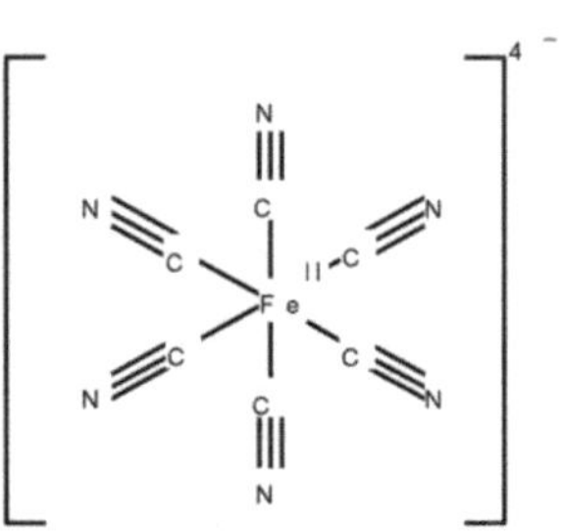

Die Struktur des Hexacyanoferrat(II)-Anion

### Kristallwasser

Viele Salze enthalten neben den Ionen in bestimmten Mengen auch Wassermoleküle, das so genannte Kristallwasser. Es wird in der Verhältnisformel mit angegeben, wie hier im Beispiel von Natriumsulfat-Dekahydrat: $Na_2SO_4 \cdot 10\ H_2O$.

### Doppelsalze

Neben Salzen mit nur einer Art von Kationen (M) sind auch Salze mit zwei verschiedenen Kationen bekannt. Man nennt diese Salze Doppelsalze, wie die Alaune mit der allgemeinen Zusammensetzung $M^IM^{III}(SO_4)_2$. Beispiel: Aluminiumkaliumsulfat-Dodecahydrat ($KAl(SO_4)_2 \cdot 12\ H_2O$).

### Grenzen des Begriffs *Salze*

- Stoffe werden als Salze bezeichnet, wenn ionische Bindungen zwischen den Teilchen der Verbindung vorliegen. Ob dieser Bindungstyp vorliegt, lässt sich jedoch nicht ohne weiteres feststellen. Während bei Calciumoxid (CaO) ionische Bindungen wirken, liegen bei Chrom(VI)-oxid ($CrO_3$) nur kovalente Bindungen zwischen Cr und O vor; es sollte daher nicht mehr als Salz bezeichnet werden. Aus diesem Grund ist es oft geschickter, bei Oxiden nicht von Salzen, sondern allgemein von *Metalloxiden* zu sprechen.
- Salze werden in der Regel als chemische Verbindungen aufgefasst, da sie eine definierte Zusammensetzung aus verschiedenen chemischen Elementen haben. Es sind jedoch Mischkristalle aus zwei Salzen bekannt, die nicht stöchiometrisch zusammengesetzt sind: So bildet Kaliumpermanganat ($K[MnO_4]$) mit Bariumsulfat ($Ba[SO_4]$) in fast beliebigen Mengenverhältnissen Mischkristalle (wenn auch nur bis zu einem bestimmten Maximum an Bariumsulfat), da die Komponenten ähnliche Kristallstrukturen und Gitterabstände aufweisen. Eine chemische Ähnlichkeit der beteiligten Verbindungen oder eine gleiche Wertigkeit ist für die Bildung von Mischkristallen nicht unbedingt nötig.

## Organische Salze

Neben den oben beschriebenen anorganischen Salzen gibt es auch zahlreiche Salze organischer Verbindungen. Die Anionen dieser Salze stammen von den organischen Säuren ab. Wichtig sind hier die Salze der Carbonsäuren, wie beispielsweise die Essigsäure, von der viele Salze, die so genannten *Acetate* ($CH_3COO^-$) bekannt sind. So kann sich mit $Na^+$ das Salz Natriumacetat oder mit $Cu^{2+}$ das Kupferacetat bilden. Essigsäure ist eine Monocarbonsäure (hat nur eine -COOH-Gruppe) und bildet nur einwertige Anionen. Zitronensäure ist eine Tricarbonsäure (hat drei -COOH-Gruppen) und kann dreiwertige Anionen bilden; ihre Salze nennt man Citrate. Bekannt sind beispielsweise die Salze Natriumcitrat und Calciumcitrat. Viele Acetate und Citrate bilden Kristalle, was aber nicht der eigentliche Grund ist, sie Salze zu nennen. Der wirkliche und einzige Grund liegt am Vorhandensein von ionischen Bindungen zwischen Anionen und Kationen. Innerhalb der Ionen von organischen Verbindungen liegen kovalente Bindungen vor.

Praktische Bedeutung haben die Salze der Carbonsäuren, die zu den Fettsäuren zählen. Die Natrium- oder Kaliumsalze der Fettsäuren nennt man Seifen. In Seifen liegen Stoffgemische verschiedener Fettsäuresalze vor. Praktische Verwendung finden sie als Kernseife bzw. Schmierseife. Als konkretes Beispiel bildet die Palmitinsäure Salze, welche *Palmitate* genannt werden. Salze, die auf so großen organischen Molekülen beruhen, sind in der Regel nicht kristallin.

Analog zu den anorganischen Sulfaten ($SO_4^{2-}$) gibt es auch organische Sulfate ($R\text{-}O\text{-}SO_3^-$), wie Natriumlaurylsulfat, welche als Tenside in Shampoos und Duschgelen Verwendung finden. Auch von Alkoholen sind Salze, die Alkoholate, bekannt. Alkohole sind äußerst schwache Säuren und werden daher fast nie so genannt. Unter aggressiven Reaktionsbedingungen lassen sich Verbindungen der Form $R\text{-}O^-M^+$ (M = Metall) gewinnen. In Analogie zu vielen anorganischen Oxiden (MO) reagieren Alkoholate bei Kontakt mit Wasser unter Hydrolyse und es bilden sich die entsprechenden Alkohole.

| **Hydrolyse oxidischer Salze** | |
|---|---|
| Natriumethanolat | |
| Natriumoxid | |

Unter den organischen Kationen haben die zum Ammonium-Kation ($NH_4^+$) analogen Verbindungen Bedeutung. Man nennt sie allgemein quartäre Ammoniumverbindungen. Bei diesen Verbindungen trägt das Stickstoffatom in der Regel vier Alkylgruppen (R-) und eine positive Ladung. Die Alkylammoniumverbindung Cetyltrimethylammoniumbromid zum Beispiel ist eine organische Ammoniumverbindung, bei der ein Bromatom als Anion vorliegt. Praktische Bedeutung haben Ammoniumverbindungen mit drei kurzen und einer langen Alkylgruppe, da diese Kationen in wässriger Lösung die Eigenschaft von Tensiden zeigen. Verbindungen dieser Art spielen auch eine wichtige Rolle im Stoffwechsel von Lebewesen, wie etwa das Cholin.

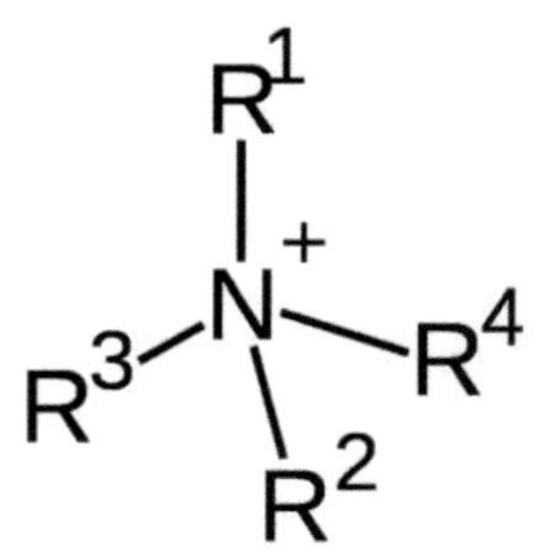


Die Struktur von Alkylammonium-Verbindungen

Prinzipiell kann jedes organische Amin durch Aufnahme eines Protons ($H^+$) zu einem Kation werden. Analog zu der Reaktion von Ammoniak ($NH_3$) zum Ammonium-Ion ($NH_4^+$) reagiert beispielsweise ein primäres Amin ($R\text{-}NH_2$; R = organischer Rest) zum Kation $R\text{-}NH_3^+$. Da solche Verbindungen meist polarer und daher leichter wasserlöslich sind als die ursprünglichen Stoffe, werden zum Beispiel stickstoffhaltige Arzneistoffe (Pharmawirkstoffe) durch Versetzen mit Salzsäure zu Salzen, den so genannten Hydrochloriden überführt. Dies erleichtert ihre Aufnahme in den Körper. Hydrochloride lassen sich im Gegensatz zu den Aminen leichter durch Umkristallisation reinigen. Analog bilden Amine mit Bromwasserstoff Hydrobromide und mit Fluorwasserstoff Hydrofluoride.

Neben Molekülen, die eine positive *oder* negative Ladung tragen, existieren auch Moleküle, die über eine negative *und* positive Ladung verfügen. Man nennt sie *Innere Salze* oder auch *Zwitterionen*. Die Stoffgruppe der Betaine zählt zu den inneren Salzen, deren einfachste Verbindung das Betain ist.

Die Aminosäuren verfügen über eine Carboxy-Gruppe (-COOH) und eine Amino-Gruppe ($-NH_2$) und können so sauer und basisch reagieren. In einer inneren Neutralisation bilden sich eine anionische ($-COO^-$) und eine kationische ($-NH_3^+$) Gruppe und damit ein Zwitterion. Die einfachste Aminosäure ist das gut in Wasser lösliche

Glycin. Zwitterionen zeigen im Gegensatz zu anderen in Wasser gelösten Ionen eine schlechte (keine) elektrische Leitfähigkeit. (Ampholyte)

## Beispiele organischer Kationen und Anionen

| Anionen organischer Verbindungen | | |
|---|---|---|
| **Stoffgruppe** | **Beispiel** | **Struktur** |
| Carbonsäuren | Acetate | 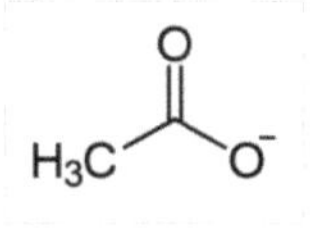 |
| | Palmitate | 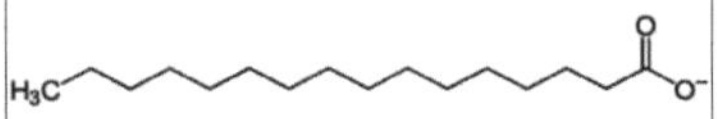 |
| | Citrate | 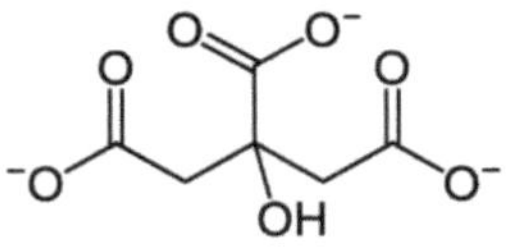 |
| organische Sulfate | Laurylsulfate | 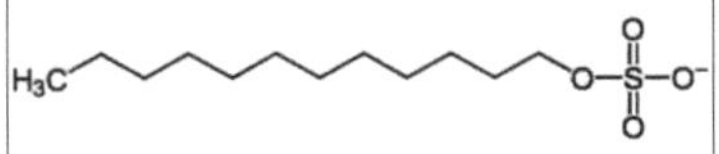 |
| Alkoholate | Ethanolate | 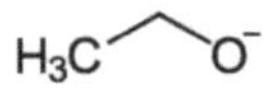 |
| **Kationen organischer Verbindungen** | | |
| **Stoffgruppe** | **Beispiel** | **Struktur** |
| quartäre Ammonium-verbindungen | Cetyltrimethylammonium | 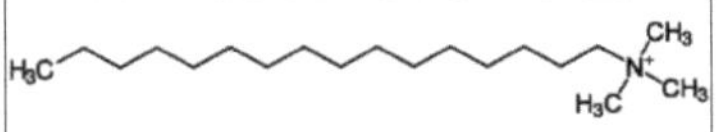 |
| | Cholin | 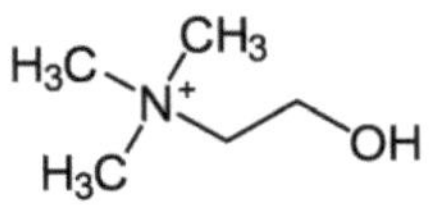 |

| organische Ammonium-Verbindungen | Salze des Anilins, z. B. Anilin-Hydrochlorid | 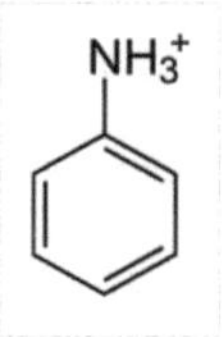 |
|---|---|---|
| **Innere Salze: Kation und Anion in einem Molekül** | | |
| **Stoffgruppe** | **Beispiel** | **Struktur** |
| Betaine | Betain | 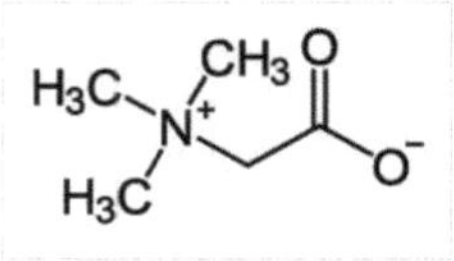 |
| Aminosäuren | Alanin | 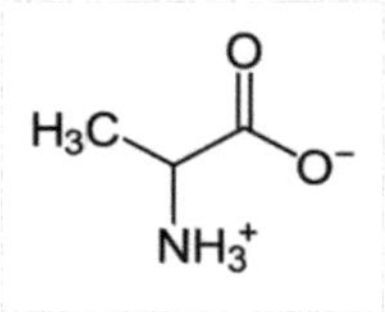 |

# Herstellung von anorganischen Salzen

## Reaktionen von Säuren und Basen

Salze entstehen bei der Reaktion von Säuren mit Basen ((grch. basis) Arrhenius: Basen sind die Basis für Salze). Dabei bildet das Oxonium-Ion der Säure mit dem Hydroxid-Ion der Base Wasser (Neutralisation). Einige Salze sind schwer löslich in Wasser und bilden direkt den Feststoff. In der Regel liegt das Salz in Lösung vor und kann durch Verdampfen des Wassers als Feststoff gewonnen werden.

| **Säure + Base → Salz + Wasser** |
|---|
| Salzsäure + Natronlauge → Natriumchlorid + Wasser |
| Schwefelsäure + Bariumhydroxid → Bariumsulfat + Wasser |

## Aus anderen Salzen

Einige Salze lassen sich aus zwei anderen Salzen gewinnen. Mischt man wässrige Lösungen von zwei Salzen, kann sich ein drittes Salz als Feststoff bilden. Dies gelingt nur, wenn das dritte Salz im Gegensatz zu den anderen beiden schlechter löslich ist.

| **Salzlösung A + Salzlösung B → Salz C + Salzlösung D** |
|---|
| Natriumchlorid + Silbernitrat → Silberchlorid + Natriumnitrat |
| Calciumchlorid + Natriumcarbonat → Calciumcarbonat + Natriumchlorid |

## Reaktion von Oxiden

Wie oben beschrieben tendieren viele Metalloxide dazu, mit Wasser Hydroxide zu bilden. Unter sauren Bedingungen reagieren auch Metalloxide, die in reinem Wasser „unlöslich" (= stabil) sind. Auf diesem Weg lassen sich viele Salze, wie etwa Kupfersulfat gewinnen.

| **Metalloxid + Säure → Salz + Wasser** |
|---|
| Kupfer(II)-oxid + Schwefelsäure → Kupfersulfat + Wasser |

## Andere Reaktionen

Die Ionen in den oben beschriebenen Reaktionen werden nicht erst gebildet, sondern sie existieren bereits vor der Bildung eines neuen Salzes. Sind bei Reaktionen zur Bildung eines neuen Salzes keine oder nicht alle Ionen mit der nötigen Ladung vorhanden, finden Redoxreaktionen statt. So lassen sich aus elementaren Metallen und Nichtmetallen Salze gewinnen. Reaktionen dieser Art werden unter Salzbildungsreaktion näher beschrieben.

# Einzelnachweise

[1] *Eintrag: salt.* In: *IUPAC Compendium of Chemical Terminology (the "Gold Book")*. doi: 10.1351/goldbook.S05447 (http://dx.doi.org/10.1351/goldbook.S05447) (Version: 2.2.).

[2] Hans-Dieter Jakubke, Ruth Karcher (Hrsg.): *Lexikon der Chemie*, Spektrum Akademischer Verlag, Heidelberg 2001.

# Oxidationszahl

Die **Oxidationszahl** (auch *Oxidationsstufe, Oxidationswert, elektrochemische Wertigkeit* ) gibt an, wie viele Elementarladungen ein Atom innerhalb einer Verbindung formal aufgenommen bzw. abgegeben hätte, wenn alle Nachbaratome mit ihren gemeinsamen Elektronenpaaren entfernt würden. Sie entspricht somit der hypothetischen Ionenladung eines Atoms in einem Molekül bzw. der tatsächlichen Ladung einatomiger Ionen.[1]

Eine andere Definition lautet: Die Oxidationszahl eines Atoms in einer chemischen Verbindung ist formal ein Maß zur Angabe der Verhältnisse der Elektronendichte um dieses Atom. Eine positive Oxidationszahl zeigt an, dass die Elektronendichte gegenüber seinem Normalzustand verringert ist, eine negative zeigt an, dass die Elektronendichte um das Atom erhöht ist.

Die Oxidationszahl ist ein für chemische Überlegungen wie z. B. Redoxreaktionen nützlicher Formalismus, der oftmals nur wenig mit der realen Ladung eines Atoms zu tun hat. Es kann durchaus vorkommen, dass Atomen in einer Verbindung eine negative formale Oxidationszahl zugeordnet wird, obwohl sie gleichzeitig eine positive Formalladung tragen. Die Oxidationszahl unterscheidet sich in kovalenten Verbindungen oft vom Begriff der Bindigkeit („Bindungswertigkeit“).

In der angelsächsischen Literatur findet man die Bezeichnungen *"oxidation state"*[2] und *"oxidation number"*,[3] die beide durch die IUPAC definiert sind. Die Bezeichnung *"oxidation state"* entspricht der *"Oxidationszahl"*, wohingegen *"oxidation number"* bei unter anderem bei Komplexverbindungen verwendet wird und einer Oxidationszahl entspricht, die durch Entfernung aller Liganden inklusive der mit dem Zentralatom geteilten Elektronenpaare entstünde; meist sind beide Werte gleich groß.

## Nutzen

Die Oxidationszahlen dienen bei Redoxreaktionen dazu, die Vorgänge besser zu erkennen. Die Übertragung der Elektronen von einem Atom auf ein anderes zeigt sich daran, dass sich die Oxidationszahl des einen, welches Elektronen abgibt, erhöht, die des anderen, das Elektronen aufnimmt, verringert.

Oft wird erst durch die Bestimmung der Oxidationszahlen einzelner Atome klar, welche chemische Reaktion abläuft. Eine Verringerung der Oxidationszahl eines Elements durch eine Redoxreaktion bedeutet, dass dieses Element reduziert wurde, analog bedeutet eine Erhöhung der Oxidationszahl eines Elements, dass dieses oxidiert wurde.

## Angabe der Oxidationszahl

Die Oxidationszahlen werden als arabische Ziffern angegeben und sind in der Regel ganzzahlig.[2] Die möglichen Oxidationszahlen (Oxidationsstufen, Oxidationszustände) der Chemischen Elemente werden meist in arabische Ziffern angegeben. Gelegentlich werden jedoch auch römische Zahlen verwendet.

Zur Darstellung von Redoxreaktionen werden die Oxidationszahlen in arabische Ziffern angegeben und stehen oberhalb eines Elementsymbols. Im Unterschied zur Ionenwertigkeit (Ionenladung) werden die Zeichen Plus und Minus *vor* dem Zahlen angegeben.

| | | | | | | |
|---|---|---|---|---|---|---|
| Kaliumper-manganat | Mangan-dioxid | Sulfat-Ion | Sulfit-Ion | Ammoniak | Schwefel-wasserstoff | Sauerstoff |

Zur Formulierung von Redoxreaktionen werden häufig nur die Oxidationszahlen der an der Reaktion entscheidenden Elemente angegeben:

Teilreaktion einer Redoxreaktion: Reduktion des Oxidationsmittels Permanganat.

Die Oxidationszahlen haben rein formalen Charakter und können gegebenenfalls auch gebrochene Werte annehmen. Im Eisen(II,III)-oxid ($Fe_3O_4$) hat Eisen beispielsweise eine durchschnittliche Oxidationszahl von +2,67, die formal durch das Vorliegen von einem $Fe^{2+}$ und zwei $Fe^{3+}$-Ionen und der arithmetischen Mittelwertbildung der Oxidationszahlen zustande kommt.[4]

# Bestimmung der Oxidationszahl

## Hauptregeln

Die Oxidationszahl lässt sich mit Hilfe folgender Regeln herleiten:

1. Atome im elementaren Zustand haben immer die Oxidationszahl 0 (z. B. $I_2$, C, $O_2$, $P_4$, $S_8$, 0 ist aber auch in Verbindungen mit anderen Elementen möglich).
2. Bei einatomigen Ionen entspricht die Oxidationszahl der Ionenladung (z. B. $Cu^{2+}$ hat die Oxidationszahl +2, $Ag^+$ hat die Oxidationszahl +1).
3. Die Summe der Oxidationszahlen aller Atome einer mehratomigen neutralen Verbindung ist gleich 0.
4. Die Summe der Oxidationszahlen aller Atome eines mehratomigen Ions ist gleich der Gesamtladung dieses Ions.
5. Bei kovalent formulierten Verbindungen (so genannten Valenzstrichformeln, Lewis-Formeln) wird die Verbindung formal in Ionen aufgeteilt. Dabei wird angenommen, dass die an einer Bindung beteiligten Elektronen vom elektronegativeren Atom vollständig übernommen werden.
6. Die meisten Elemente können in mehreren Oxidationsstufen auftreten.

## Hilfsregeln

In der Praxis hat es sich als hilfreich erwiesen, für die Bestimmung der Oxidationszahlen einige Regeln zu formulieren:

1. Das Fluoratom (F) als Element mit höchster Elektronegativität bekommt in Verbindungen immer die Oxidationszahl −1.
2. Sauerstoffatome bekommen die Oxidationszahl −2. Mit 3 Ausnahmen: In Peroxiden (dann: −1) und in Hyperoxiden (dann −0,5) und in Verbindung mit Fluor (dann: +2).
3. Weitere Halogenatome (wie Chlor, Brom, Iod) haben im Allgemeinen die Oxidationszahl (−1), außer in Verbindung mit Sauerstoff oder einem Halogen, das im Periodensystem höher steht.
4. Metallatome bekommen in Verbindungen als Ionen immer eine positive Oxidationszahl.
5. Alkalimetalle haben stets +1 und Erdalkalimetalle stets +2 als Oxidationszahl.
6. Wasserstoffatome bekommen die Oxidationszahl +1, außer wenn Wasserstoff mit „elektropositiveren" Atomen wie Metallen (Hydride) oder sich selbst direkt verbunden ist.
7. In ionischen Verbindungen (Salzen) ist die Summe der Oxidationszahlen identisch mit der Ionenladung.
8. In kovalenten Verbindungen (Molekülen) werden die Bindungselektronen dem elektronegativeren Bindungspartner zugeteilt. Gleiche Bindungspartner erhalten je die Hälfte der Bindungselektronen. Die Oxidationszahl entspricht somit den zugeteilten Bindungselektronen im Vergleich zu der Anzahl der normalerweise vorhandenen Außenelektronen.
9. Die höchstmögliche Oxidationszahl eines Elementes entspricht der Haupt- bzw. Nebengruppenzahl im Periodensystem (PSE)

### Bestimmung anhand der Elektronegativität

Die Oxidationszahlen lassen sich, wenn eine Lewis-Formel des Moleküls vorliegt, leicht anhand der Elektronegativität der jeweiligen Elemente bestimmen. Man spaltet dazu gedanklich jede Bindung und berechnet, welches Atom die Bindungselektronen dann bekommen würde. Dies ist abhängig von der Elektronegativität; das Atom mit der größeren Elektronegativität erhält die Bindungselektronen. Dadurch ändert sich die Ladung des Atoms, die Ladung entspricht dann der Oxidationszahl. Das Spalten der Bindungen ist dabei nur ein Gedankenspiel, die Bindung werden nicht tatsächlich gespalten.

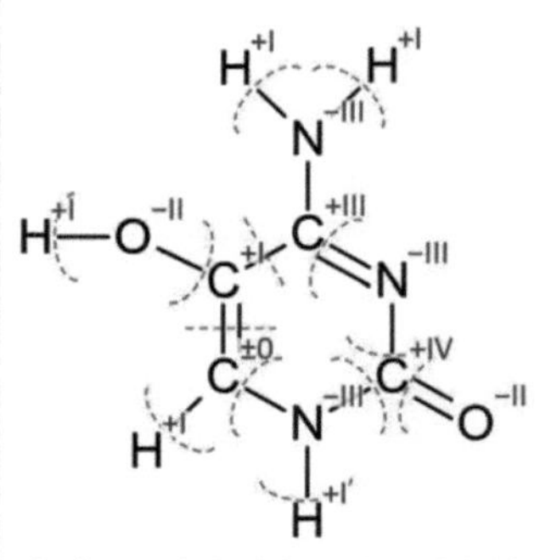

Bestimmung der Oxidationszahlen am Beispiel von 5-Hydroxycytosin

Die Grafik rechts zeigt beispielhaft das Vorgehen beim Ermitteln der Oxidationszahlen der Atome des 5-Hydroxycytosin-Moleküls. Als Beispiel soll hier nun die Vorgehensweise am Kohlenstoff-Atom mit der Oxidationszahl ±0 erläutert werden: Dieses Kohlenstoffatom bildet drei Bindungen zu Nachbaratomen aus, zu Stickstoff, Wasserstoff und eine Doppelbindung zu einem anderen Kohlenstoffatom. Nun werden die Elektronegativitäten dieser Elemente verglichen; Kohlenstoff hat eine Elektronegativität von 2,55.

- Stickstoff hat eine Elektronegativität von 3,04. Da diese größer ist als die des Kohlenstoffs, bekäme der Stickstoff im Falle einer imaginären Spaltung der Bindung beide Bindungselektronen.
- Wasserstoff hat eine Elektronegativität von 2,2. Da diese kleiner ist als die des Kohlenstoffs, bekäme der Kohlenstoff im Falle einer imaginären Spaltung der Bindung beide Bindungselektronen.
- Das obere Kohlenstoffatom hat natürlich ebenfalls eine Elektronegativität von 2,55. Daher teilen sich die beiden Kohlenstoffatome im Falle einer imaginären Spaltung der Bindung die Bindungselektronen. Da es sich um eine Doppelbindung handelt bekämen beide zwei.

Addiert bekommt das Kohlenstoffatom also vier Bindungselektronen. Elementares Kohlenstoff besitzt ebenfalls vier Bindungselektronen, seine Ladung hat sich also durch die imaginäre Spaltung nicht geändert. Seine Oxidationszahl ist 0.

Im Vergleich dazu bekommt das unterste Stickstoffatom sechs Bindungselektronen im Falle einer imaginären Spaltung (je zwei von den beiden Kohlenstoffatomen und zwei von dem Wasserstoffatom). Elementarer Stickstoff besitzt nur drei Bindungselektronen. Da Elektronen negativ geladen sind, besäße das Stickstoffatom daher nach der imaginären Spaltung die Ladung −3. Dies ist daher auch seine Oxidationszahl.

Zur Überprüfung können alle ermittelten Oxidationszahlen addiert werden. Ihre Summe muss insgesamt null ergeben, wenn das Gesamtmolekül ungeladen ist.

## Siehe auch

- Liste der Oxidationsstufen der chemischen Elemente

## Einzelnachweise

[1] A. D. McNaught, A. Wilkinson: *Compendium of Chemical Terminology (IUPAC Recommendations: "Gold Book")*. 2. Auflage. Blackwell Scientific Publications, Oxford 1997, doi: 10.1351/goldbook.O04363 (http://dx.doi.org/10.1351/goldbook.O04363).

[2] *Eintrag: Oxidation state*. In: *IUPAC Compendium of Chemical Terminology (the "Gold Book")*. doi: 10.1351/goldbook.O04365 (http://dx.doi.org/10.1351/goldbook.O04365) (Version: 2.3.).

[3] *Eintrag: Oxidation number*. In: *IUPAC Compendium of Chemical Terminology (the "Gold Book")*. doi: 10.1351/goldbook.O04363 (http://dx.doi.org/10.1351/goldbook.O04363) (Version: 2.3.).

[4] N. N. Greenwood, A. Earnshaw: *Chemie der Elemente*. 1. Auflage. VCH Verlagsgesellschaft, Weinheim 1988.

# Hexagonales_Kristallsystem

Das **hexagonale Kristallsystem** gehört zu den sieben Kristallsystemen der Kristallographie. Es umfasst alle Punktgruppen mit einer sechszähligen Dreh- oder Drehinversionsachse. Das hexagonale Kristallsystem ist mit dem trigonalen Kristallsystem eng verwandt und bildet zusammen mit ihm die hexagonale Kristallfamilie.

## Die hexagonalen Punktgruppen

Das hexagonale Kristallsystem umfasst die Punktgruppen und . Dies sind alle die Punktgruppen der hexagonalen Kristallfamilie, in denen es keine Raumgruppe mit rhomboedrischer Zentrierung gibt. Die Raumgruppen des hexagonalen Kristallsystems können alle mit dem hexagonal primitiven Achsensystem beschrieben werden. Die hexagonalen Punktgruppen haben keine kubische Obergruppe. Somit ist die hexagonale Holoedrie zusammen mit der kubischen die höchstsymmetrische kristallographische Punktgruppe.

## Das hexagonale Achsensystem

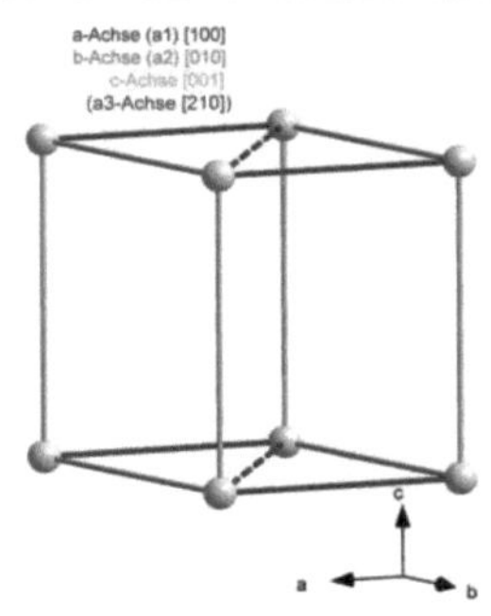

Bild 1: die hexagonale Elementarzelle

In der hexagonalen Kristallfamilie gibt es das hexagonale und das trigonale Kristallsystem, sowie das hexagonale und das rhomboedrische Gitter-System. Die Einteilung in Kristallsysteme beruht auf der Symmetrie der Kristalle, die Einteilung in Gittersysteme bezieht sich auf die Metrik des Gitters. Während in den fünf anderen Kristallfamilien bzw. Kristallsystemen diese unterschiedlichen Sichtweisen zur selben Einteilung führen, ist dies in der hexagonalen Kristallfamilie nicht so. Darüber hinaus erfolgt hier die Einteilung in Gittersysteme nicht auf Basis der Punktgruppen, sondern der Raumgruppen. Da die Verhältnisse relativ kompliziert sind, werden sie an dieser Stelle ausführlicher beschrieben.

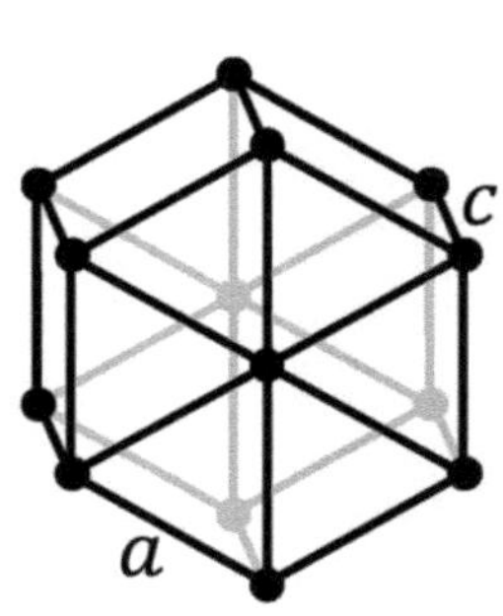


Bild 2: hexagonale Zelle

## Das hexagonale Achsensystem in der Kristallographie

Wie in allen wirteligen Kristallsystemen wird die Drehachse mit der höchsten Zähligkeit in die Richtung der c-Gitterachse gelegt. Die Ebene senkrecht dazu wird durch zwei gleichlange Achsen $a_1$ und $a_2$ beschrieben, die im Winkel von 120° zueinander stehen. Daraus ergibt sich folgende Metrik: und . Die durch diese Basisvektoren gebildete Elementarzelle ist in Bild 1 dargestellt.

## Das hexagonale Achsensystem in anderen Fachrichtungen

In der Mineralogie und besonders in der Metallkunde ist es üblich, noch eine zusätzliche Achse $a_3$ in der ($a_1$, $a_2$) Ebene zu verwenden (vgl. Bild 3). Diese hat dieselbe Länge wie $a_1$ und steht im Winkel zu 120° sowohl zu $a_1$ als auch zu $a_2$. Die Millerschen Indizes werden um den Index i zu so genannten *Miller-Bravais-Indizes* erweitert und haben dann vier Komponenten: (h, k, i, l). Dabei ist der Index i redundant, da gilt: i = -(h+k). Ähnlich werden in der Metallkunde auch Richtungen durch viergliedrige Symbole [uvtw], die *Weber-Indizes*, dargestellt.

Oft wird in der Literatur die hexagonale Zelle als sechseckiges Prisma dargestellt (vgl. Bild 2). Da dieses Prisma kein Parallelepiped ist, handelt es sich aber nicht um eine Elementarzelle. Dieses Prisma besteht aus drei hexagonalen Elementarzellen.

## Die (hk0) Ebene

Bild 3 stellt eine (h,k,0)–Ebene des hexagonalen Achsensystems dar. Im Einzelnen:

- Punkte: Gitterpunkte des hexagonalen Achsensystems in der (h,k,0)-Ebene zum Teil mit Koordinaten [h,k,0].
- Graue Punkte: Punkte mit einem Index ± 2.
- Fette Linien: die Grundfläche der hexagonalen Elementarzelle.
- Schwarze Linien: die Grundfläche des sechseckigen Prismas, das oft zur Veranschaulichung des hexagonalen Gittersystems verwendet wird.
- Rote Pfeile: die Gittervektoren des hexagonalen Gitters, dünn: der in der Mineralogie übliche 3. Gittervektor in der (hk0)-Ebene.
- Blaue Pfeile: Blickrichtung des 3. Raumgruppensymbols nach Hermann-Mauguin entsprechend den International Tables for Crystallography 3. Auflage.
- Grün: Grundfläche der orthohexagonalen Zelle. (Siehe unten)
- Grüne Pfeile: Gittervektoren der orthohexagonalen Zelle. (Der 3. Gittervektor ist der hexagonale c-Vektor)

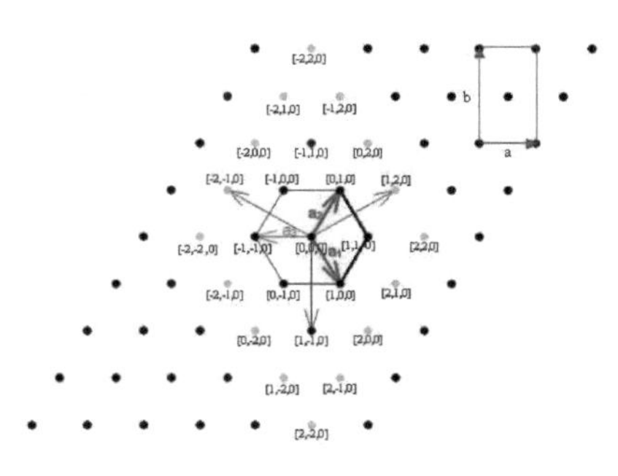

Bild 3: Die (h,k,0)-Ebene des hexagonalen Achsensystems

## Die rhomboedrische Zentrierung

Bei der Betrachtung möglicher Zentrierungen kommt es in diesem Achsensystem zu einer Besonderheit. Fügt man zusätzliche Gitterpunkte so ein, dass die volle Symmetrie des hexagonalen Gitters erhalten bleibt, so ergeben sich nur Punktgitter, die auch durch ein primitives hexagonales Gitter (mit anderen Gitterkonstanten) beschrieben werden können.

Fügt man aber zusätzliche Gitterpunkte an den Stellen beziehungsweise ein, so ergibt sich ein neues Gitter, das aber nicht mehr die volle Symmetrie des hexagonalen Punktgitters sondern die niedrigere Symmetrie hat.

Dieses Gittersystem kann auch mit einer primitiven Elementarzelle beschrieben werden. Für die Metrik dieser Zelle gilt: und . Diese Elementarzelle hat die Form eines Rhomboeders, eines entlang seiner Raumdiagonalen verzerrten Würfels. Diese Elementarzelle ist zwar primitiv, aber nicht konventionell, da die dreizählige Achse nicht in Richtung eines Gittervektors, sondern in Richtung der Raumdiagonalen liegt. Dieses Gittersystem wird rhomboedrisch genannt, hat die Holoedrie und wird unabhängig von der Aufstellung (hexagonale oder rhomboedrische Achsen) als R-Gitter bezeichnet.

Die Lage der rhomboedrischen zu den hexagonalen Achsen hängt davon ab, welche der beiden Möglichkeiten zur Zentrierung der hexagonalen Zelle verwendet wurde. Im ersten Fall heißt die Aufstellung der Achsen obvers, im zweiten Fall revers. In der ersten Ausgabe der International Tables von 1935 wurde die reverse Aufstellung verwendet, in den darauffolgenden die obverse. Der Unterschied zwischen beiden Aufstellungen besteht in einer Drehung der hexagonalen zu den rhomboedrischen Achsen um 60°, 180° oder 300°.

Da dieses Gittersystem nicht die volle Symmetrie des hexagonalen hat, kommt es nicht in allen Punktgruppen der hexagonalen Kristallfamilie vor.

### Verwendung im trigonalen und hexagonalen Kristallsystem

Das hexagonale Achsensystem wird zur Beschreibung aller Punktgruppen der hexagonalen Kristallfamilie eingesetzt. Punktgruppen deren Raumgruppen ausschließlich mit dem primitiv hexagonalen Gitter beschrieben werden können, bilden das hexagonale Kristallsystem. Alle Punktgruppen, in denen auch das rhomboedrisch zentrierte Gitter vorkommt, bilden das trigonale Kristallsystem. Auch in diesem System werden alle nicht zentrischen Raumgruppen mit dem hexagonalen Achsensystem beschrieben. Eine Beschreibung dieser Raumgruppen mit dem rhomboedrischen Gittersystem ist nicht möglich, auch wenn sie zur Holoedrie des rhomboedrischen Gittersystems gezählt werden. Nur bei den zentrischen Raumgruppen (Symbol R) hat man die Auswahl zwischen dem hexagonalen und dem rhomboedrischen Achsensystem.

### Rhomboedrische oder hexagonale Achsen

Im Gegensatz zur rhomboedrischen Zelle ist die hexagonale Zelle eine konventionelle Zelle, daher wird in der Regel das hexagonale Achsensystem verwendet. Bei den Strukturdaten der Minerale spielt das rhomboedrische System nur eine untergeordnete Rolle.

Das Rhomboeder ist ein in Richtung der Raumdiagonalen verzerrter Würfel. Daher ist der Einsatz dieser Aufstellung in den Fällen angebracht, in denen eine kubische und eine rhomboedrische Struktur miteinander verglichen werden, da man hierbei das Achsensystem nicht ändern muss.

### Das orthohexagonale System

Da das hexagonale Achsensystem kein orthogonales System ist, ist seine Metrik komplizierter. Einer der Ansätze damit umzugehen ist die Beschreibung durch ein orthorhombisches Gittersystem, das sogenannte orthohexagonale System. Es handelt sich dabei um eine orthorhombisch C-zentrierte Zelle. Die Grundfläche dieses Systems ist ein Rechteck mit dem Seitenlängenverhältnis b:a von . Sie ist in Bild 3 grün eingezeichnet. Die dritte Achse entspricht der hexagonalen c-Achse.

Der Vorteil dieser Aufstellung ist die einfachere Metrik, der Nachteil ist der Verlust einer expliziten drei- bzw. sechszähligen Achse.

## Weitere zentrierte Zellen

Bei der Beschreibung von Ober- beziehungsweise Untergruppen wird in den International Tables eine dreifach vergrößerte hexagoanle Zelle, die sogenannte H-Zelle verwendet.

Es ist auch möglich das hexagonale Gitter mit sechs zentrierten rhomboedrischen Zellen zu beschreiben. Diese Zellen werden D-Zellen genannt. Zur Beschreibung von Strukturen werden sie nicht verwendet.

### Historische Anmerkungen

Die Einteilung der Kristalle in Kristallsysteme beruhte ursprünglich auf der Morphologie. Im trigonalen bzw. hexagonalen System wurden alle die Kristalle zusammengefasst, deren Kristallform auf das Vorhandensein einer drei- bzw. sechszähligen Drehachse schließen lässt. Da aber die sechszählige Drehinversionsachse eine dreizählige Kristallform bewirkt, wurden die Punktgruppen (trigonal-dipyramidal) und (ditrigonal-dipyramidal) anfangs zum trigonalen Kristallsystem gezählt, wie man an den Bezeichnungen für die Kristallformen heute noch sieht.

# Die hexagonalen Kristallklassen

Zur Beschreibung der hexagonalen Kristallklassen in Hermann-Mauguin-Symbolik werden die Symmetrieoperationen bezüglich vorgegebener Richtungen im Gitter-System angegeben.

Im hexagonalen Achsensystem: 1. Symbol in Richtung der c-Achse (<001>). 2. Symbol in Richtung einer a-Achse (< 100>). 3.Symbol in einer Richtung senkrecht zu einer a und der c-Achse (< 120>). Für die 3. Richtung wird auch oftmals die im Allgemeinen nicht äquivalente Richtung <210> angegeben. Auch wenn dies speziell für die Angabe der Lage der Symmetrieelemente keine Rolle spielt, so entspricht diese Angabe nicht den Konventionen.

Charakteristisch für alle Raumgruppen des hexagonalen Kristallsystems ist die 6 (oder 6) an 1. Stelle des Raumgruppensymbols.

## Kristallklassen im Hexagonalen Kristallsystem

| **Kristallklasse** | | | | | | **Physikalische Eigenschaften** | | | | **Beispiele** |
|---|---|---|---|---|---|---|---|---|---|---|
| Laueklasse | Allgemeine Form | Schoenfliess | Hermann-Mauguin-Symbol | Hermann/ Mauguin Kurzsymbol | Raum-gruppen-nummern | Enantio-morph | Optische Aktivität | Pyro-elektrizität | Piezo-elektrizität | |
| | hexagonal-pyramidal | $C_6$ | | | 168 - 173 | + | + | + | + | Cetineit, Cancrinit, Nephelin, Zinkenit |
| | trigonal-dipyramidal | $C_{3h}$ | | | 174 | - | - | - | + | Laurelit, Penfieldit |
| | hexagonal-dipyramidal | $C_{6h}$ | | | 175 - 176 | - | - | - | - | Apatit, Britholith, Cesanit, Davyn, Jeremejewit, Mimetesit, Pyromorphit, Vanadinit, Zemannit |

| | hexagonal-trapezoedrisch | $D_6$ | | | 177 - 182 | + | + | - | + | Kaliophilit, Hochquarz, Pseudorutil, Rhabdophan, Santanait, |
|---|---|---|---|---|---|---|---|---|---|---|
| | dihexagonal-pyramidal | $C_{6v}$ | | | 183 - 186 | - | - | + | + | Amesit, Bromellit, Cadmoselit, Greenockit, Jodargyrit, Rambergit, Wurtzit, Zinkit |
| | ditrigonal-dipyramidal | $D_{3h}$ | oder | | 187 - 189 | - | - | - | + | Bastnäsit, Benitoit, Offretit, Pabstit |
| | dihexagonal-dipyramidal | $D_{6h}$ | | | 191 - 194 | - | - | - | - | Beryll, Buttgenbachit Cadmium, Covellin, Eis (zwischen 0° und -80° C), Graphit, Magnesium, Milarit, Molybdänit, Osmium, Pyrrhotin, Rhenium, Ruthenium, Titan, Yagiit, Zink |

Bei den Angaben zu den physikalischen Eigenschaften bedeutet - : Aufgrund der Symmetrie verboten. + bedeutet: Aufgrund der Symmetrie erlaubt. Über die Größenordnung des Effektes kann aufgrund der Symmetrie keine Aussage getroffen werden, man kann aber davon ausgehen, dass dieser Effekt nie exakt verschwinden wird.

Weitere hexagonal kristallisierende chemische Stoffe siehe Kategorie:Hexagonales Kristallsystem

## Hexagonale Kristallformen

Bildbeispiele hexagonaler Kristallformen

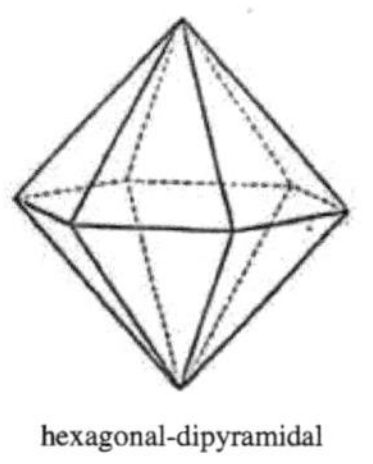
hexagonal-dipyramidal

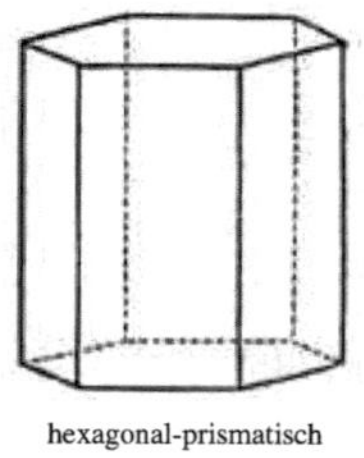
hexagonal-prismatisch

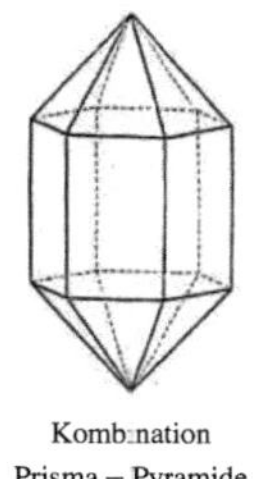
Kombination Prisma – Pyramide

Kombination Prisma mit pyramidaler Basis

## Die hexagonal dichteste Kugelpackung

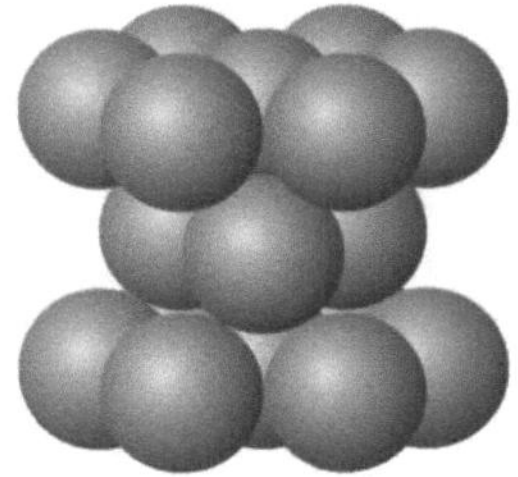

Hexagonal-dichteste Packung

Die hexagonal dichteste Kugelpackung kann wie folgt beschrieben werden: Die Verbindungslinien benachbarter Atome bilden einen Körper mit sechseckiger Grundfläche und Deckfläche. In der Mitte dieser beiden Flächen befindet sich je ein weiteres Atom. Zwischen Grund- und Deckfläche haben zusätzlich drei Atome Platz. Mit der Annahme von gleich großen Kugeln entspricht dies einer dichtesten Kugelpackung, deren Raumerfüllung ca. 74,05 % beträgt. Die Stapelabfolge lässt sich mit ABA beschreiben. So findet man hier auch die Bezeichnung *hexagonal-dichteste Kugelpackung* (hdp, engl. hcp). Hierbei beträgt das Seitenverhältnis im idealen Fall:.

Eine Elementarzelle mit hexagonal dichtester Packung (hdp) besteht aus zwei rautenförmigen Grundflächen. Die Atome befinden sich innerhalb der Elementarzelle auf den kristallographischen Lagen [2/3, 1/3, 1/4] und [1/3, 2/3, 3/4].

Als prominentester Vertreter gilt Magnesium, weshalb auch oft vom Magnesium-Strukturtyp gesprochen wird, wenn man die hexagonal dichteste Kugelpackung beschreiben möchte.

## Literatur


- Martin Okrusch, Siegfried Matthes: *Mineralogie.* 7. Auflage. Springer Verlag, Berlin 2005, ISBN 3-540-23812-3
- Hans Murawski, Wilhelm Meyer: *Geologisches Wörterbuch.* 12. Auflage. Spektrum Akademischer Verlag, Heidelberg 2010, ISBN 978-3-8274-1810-4.
- Rüdiger Borchert, Siegfried Turowski: *Symmetrielehre der Kristallographie; Modelle der 32 Kristallklassen.* Oldenbourg Wissenschaftsverlag GmbH, München, Wien 1999, ISBN 3-486-24648-8, S. 52-64.
- Werner Massa: *Kristallstrukturbestimmung.* 3. Auflage. B. G. Teubner GmbH, Stuttgart/Leipzig/Wiesbaden 2002, ISBN 3-519-23527-7.
- Ulrich Müller: *Anorganische Strukturchemie.* 4. Auflage. B. G. Teubner / GWV Fachverlage GmbH, Wiesbaden 2004, ISBN 3-519-33512-3, S. 182.
- Hahn, Theo (Hrsg.): *International Tables for Crystallography Vol. A* D. Reidel publishing Company, Dordrecht 1983, ISBN 90-277-1445-2
- Will Kleber, et.al. *Einführung in die Kristallographie* 19.Auflage Oldenbourg Wissenschaftsverlag, München 2010, ISBN 978-3-486-59075-3
- Walter Borchard-Ott *Kristallographie* 7.Auflage Springer Verlag, Berlin 2009, ISBN 978-3-540-78270-4

# Raumgruppe

Eine **kristallographische Raumgruppe** oder kurz **Raumgruppe** ist eine diskrete Untergruppe der euklidischen Bewegungsgruppe eines euklidischen (affinen) Raums mit beschränktem Fundamentalbereich. Die Raumgruppen gehören zu den Symmetriegruppen und werden üblicherweise mithilfe der Hermann-Mauguin-Symbolik in oder manchmal auch in der Schoenflies-Symbolik beschrieben.[1]

Während sich die kristallographischen Punktgruppen aus nicht-translativen Symmetrieoperationen (z. B. Rotationen oder Spiegelungen) zusammensetzen, wird bei der Bestimmung der unterschiedlichen Raumgruppen diese Forderung aufgeweicht zugunsten translativer Symmetrieoperationen (daraus ergeben sich z. B. Gleitspiegelebenen und Schraubenachsen) und den Gittertranslationen. Daraus ergibt sich eine Vielzahl neuer Symmetriegruppen, die Raumgruppen.

## Anzahl der möglichen Raumgruppen

### Anzahl der Raumgruppen (ohne Berücksichtigung der Raumorientierung)

| Dimension | | | | | |
|---|---|---|---|---|---|
| **1** | **2** | **3** | **4** | **5** | **6** |
| 2 | 17 | 219 | 4.783 | 222.018 | 28.927.922 |

Die Anzahl der möglichen Raumgruppen ist abhängig von der Dimension und der Orientierung des betrachteten Raums. Im dreidimensionalen Raum beschreiben kristallographische Raumgruppen die Symmetrien eines unendlich ausgedehnten Kristalls. Symmetrieoperationen in einem Kristall sind (abgesehen von der Identitätsoperation, die jeden Punkt auf sich selbst abbildet) Punktspiegelung, Spiegelung an einer Ebene, Drehung um eine Achse, Verschiebung (die so genannte Translation), sowie Kombinationen dieser Operationen. Wenn man das Hintereinanderausführen von Symmetrieoperationen als additive Verknüpfung auffasst, erkennt man, dass eine Menge von Symmetrieoperationen eine (in der Regel nicht kommutative) Gruppe ist.

Die Bestimmung der 230 möglichen Raumgruppen (bzw. Raumgruppen*typen*) erfolgte 1891 unabhängig voneinander in mühsamer Sortierarbeit durch Arthur Moritz Schoenflies und Jewgraf Stepanowitsch Fjodorow. Die 230 Raumgruppen (und die Kristalle, die die Symmetrieelemente einer dieser Raumgruppen aufweisen) können u. a. hinsichtlich der 7 Kristallsysteme, der 14 Bravaisgitter und der 32 Kristallklassen eingeteilt werden.[1]

| | **Bravaisgitter – Basisobjekte mit sphärischer Symmetrie** | **Kristallstruktur – Basisobjekte mit beliebiger Symmetrie** |
|---|---|---|
| Anzahl der Punktgruppen | 7 Kristallsysteme | 32 kristallograph. Punktgruppen |
| Anzahl der Raumgruppen | 14 Bravaisgitter | 230 Raumgruppen |

Berücksichtigt man die Orientierung des Raums nicht, reduziert sich die Zahl auf 219 verschiedene Raumgruppen. Daraus ergibt sich die Existenz von 11 Paaren enantiomorpher Raumgruppen. In diesen Paaren unterscheiden sich jeweils die Anordnungen der Symmetrieelemente wie Bild und Spiegelbild, welche nicht durch Drehungen ineinander überführt werden können.[1]

## Bezeichnung

Die Bezeichnung der Raumgruppen geschieht üblicherweise in der Hermann-Mauguin-Symbolik, in manchen Fachbereichen wird auch heute noch die Schoenflies-Symbolik als Alternative genutzt. Das Raumgruppensymbol besteht bei der Hermann-Mauguin-Symbolik aus einem Großbuchstaben, der den Bravaistyp angibt, sowie einer Folge von Symbolen (Zahlen und Kleinbuchstaben, die auf das Vorliegen weiterer Symmetrieelemente hinweisen), die sich eng an die Symbolik für Punktgruppen anlehnt, zusätzlich aber berücksichtigt, dass auch kombinierte Symmetrieoperationen aus Translation und Rotation bzw. Spiegelung vorliegen können.[1]

## Siehe auch

- Bieberbachgruppe
- Sohncke-Raumgruppe (auch *chirale Raumgruppe* genannt)
- Ebene kristallographische Gruppe

## Weblinks

- Interaktive Veranschaulichung der 17 Raumgruppen der Ebene:
  - Ornamente zeichnen [2], Java Applet und Application. Behält gezeichnete Linienzüge beim Wechsel der Gruppe bei.
  - Escher Web Sketch [3], Java Applet. Erlaubt neben dem Freihandzeichnen auch die Benutzung einzelner anderer Objekte.

## Einzelnachweise

[1] Will Kleber, Hans-Joachim Bautsch, Joachim Bohm: *Einführung in die Kristallographie.* 2010, ISBN 978-3486590753 ( Seite 101ff (http://books.google.de/books?id=UvOw8tc8LJEC&pg=PA101#v=onepage) in der *Google Buchsuche*).

[2] http://home.in.tum.de/~gagern/ornament/ornament.html

[3] http://escher.epfl.ch/escher

# Gitterparameter

Ein **Gitterparameter** oder eine **Gitterkonstante**, manchmal auch **Zellparameter** genannt, ist entweder eine Längenangabe oder ein Winkel, der zur Beschreibung eines Gitters, insbesondere der kleinsten Einheit des Gitters, der Elementarzelle, benötigt wird. Der **Gitterparameter** ist entweder eine **Seitenlänge der Elementarzelle** oder ein **Winkel zwischen den Kanten** der Zelle. Gitterparameter sind bedeutend in der Kristallographie und der Optik.

## Definition

Das Gitter wird durch periodisches Verschieben einer Elementarzelle um jeweils denselben Abstand in eine bestimmte Raumrichtung (Gittervektor) erzeugt.

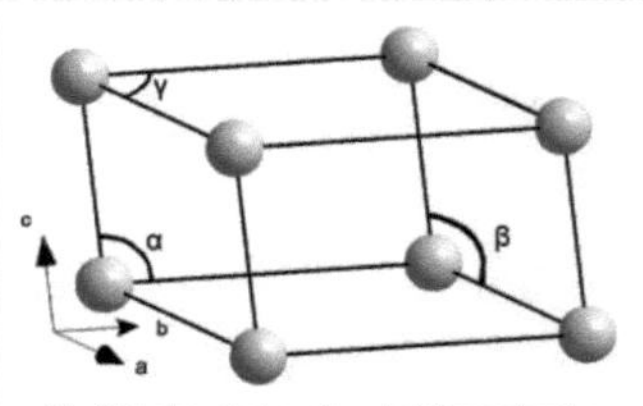

Die Gitterkonstanten eines dreidimensionalen Gitters

Für ein eindimensionales (optisches) Gitter genügt ein Gitterparameter, die Angabe des Abstandes benachbarter (paralleler) Gitterelemente. In zwei Dimensionen gibt es zwei verschiedene Gittervektoren und drei notwendige Gitterparameter - zwei Längen und der Winkel zwischen den Gittervektoren. Für die Beschreibung eines dreidimensionalen Gitters werden maximal sechs Parameter, drei Längen und drei Winkel benötigt. Diese sechs Parameter, die die Elementarzelle definieren, werden oft mit $a$, $b$, $c$ und $\alpha$, $\beta$, $\gamma$ bezeichnet. Drei davon, die Längen $a$, $b$, und $c$, beschreiben den Abstand zweier Gitterebenen, die mit den Seitenflächen der Elementarzellen zusammenfallen. Die anderen drei, $\alpha$, $\beta$, $\gamma$ benennen die Winkel zwischen den Gittervektoren, die durch Translation der Elementarzelle die Struktur aufbauen und zwar $\alpha$ den Winkel zwischen $b$ und $c$, $\beta$ den Winkel zwischen $a$ und $c$ sowie $\gamma$ den Winkel zwischen $a$ und $b$. Die Beschreibung eines Gitters durch Gitterparameter ist nicht eindeutig. Verschiedene Sätze von Gitterparametern können dasselbe Gitter beschreiben. Daher wird in der Regel als Einheitszelle die konventionelle Zelle verwendet. Bei dieser Wahl der Einheitszelle können in den einzelnen Kristallsystemen bereits einzelne Gitterprameter festliegen, so dass die Anzahl der unabhängigen Gitterparameter verringert ist. Daher benötigt man zur Beschreibung des kubischen Gitters nur einen Gitterparameter, zur Beschreibung des tetragonalen, hexagonalen und trigonalen zwei, für das orthogonale drei, das monokline vier und das trikline sechs.

## Bestimmung

Gitterparameter können im einfachsten Fall direkt oder mit dem Mikroskop gemessen werden. Beispielsweise besitzt ein Gitter mit 250 Linien pro Zentimeter eine Gitterkonstante von .

Zum direkten Vermessen der Parameter von kristallinen Stoffen können das Transmissionselektronenmikroskop oder das Rastertunnelmikroskop verwendet werden. Zumeist erfolgt die Ermittlung der Gitterparameter aber mittels Beugungsmethoden, beispielsweise mit der Röntgenbeugung. Bei der Röntgenstrukturanalyse ist die Bestimmung der Gitterparameter der erste Schritt zur Bestimmung der vollständigen Kristallstruktur.

Die Zellparameter von Oberflächenstrukturen können mit Hilfe der Beugung langsamer Elektronen (LEED, Low Energy Electron Diffraction) bestimmt werden.

## Beispiele

Der Gitterparameter von Silicium, das eine Diamant-Kristallstruktur ausbildet, wurde mit sehr großer Genauigkeit gemessen und beträgt 543,102 0504 (89) pm[1] [2] Die genaue Vermessung wurde im Hinblick auf eine mögliche neue Festlegung des Kilogramms und des Mols durchgeführt.

Die Massendichte eines kristallinen Stoffs lässt sich aus den Gitterparametern bestimmen. Im einfachen Fall kubischer Gitter ist die Dichte: mit der Zahl $n$ der Atome je Elementarzelle, der relativen Atommasse $A_r$, der atomaren Masseneinheit $u$ und dem Gitterparameter $a$ berechnen. Die Zahl $n$ ist 8 für Diamant-Gitter, 4 für kubisch flächenzentrische Gitter, 2 für kubisch raumzentrische Gitter und eins für einfach kubische Gitter.

Die Bindungslänge im Diamant-Gitter ist , im kubisch flächenzentrischen Gitter , im kubisch raumzentrischen Gitter und im einfach kubischen Gitter .

Der Gitterparameter von Eisen mit einem kubisch raumzentrischen Gitter ist 286,65 pm. Für den Gitterparameter kubisch flächenzentrierter Strukturen seien die Beispiele Nickel 352,4 pm, Kupfer 361,48 pm, Silber 408,53 pm, und Gold 407,82 pm genannt.

## Siehe auch

- Kristall
- Elementarzelle
- Millersche Indizes
- Optisches Gitter
- Vegardsche Regel

## Einzelnachweise

[1] *CODATA Recommended Values.* (http://physics.nist.gov/cgi-bin/cuu/Value?asil) National Institute of Standards and Technology, abgerufen am 21. Juni 2011. Gitterparameter von Silicium. Die eingeklammerten Ziffern geben die geschätzte Standardabweichung für den Mittelwert an, der den beiden letzten Ziffern vor der Klammer entspricht.

[2] Die Messung der Gitterkonstante erfolgte mit Silicium natürlich vorkommender Isotopenzusammensetzung bei einer Temperatur von 22,5°C im Vakuum, vgl. S. 33 (http://physics.nist.gov/cuu/Archive/2002RMP.pdf) und S. 676 (http://physics.nist.gov/cuu/Constants/RevModPhys_80_000633acc.pdf).

# Formeleinheit

Die **Formeleinheit**, auch **Verhältnisformel** oder **Gruppenformel** oder **Elementargruppe**, drückt das kleinste Verhältnis zwischen Atomen einer chemischen Verbindung aus, die nicht im klassischen Sinn in Form einzelner Moleküle existiert.

Jede chemische Formel lässt erkennen,

- welche Elemente am Aufbau dieser Verbindung beteiligt sind und
- in welchem Anzahlverhältnis die Atome bzw. Ionen dieser Elemente in der Verbindung auftreten.

Dabei ist zu unterscheiden zwischen

- chemischen Verbindungen, deren kleinste Teilchen Moleküle sind und
- chemischen Verbindungen, die aus Ionen aufgebaut sind:

1) Eine Molekülformel kann nur für jene chemischen Verbindungen angegeben werden, deren kleinste Teilchen tatsächlich eigenständige Moleküle sind. Das sind vor allem Stoffe, die sich durch Atombindung (Elektronenpaarbindung) bilden.

### Beispiele für Molekül-Darstellungen (Molekülformeln):

| Molekül | Summenformel | Gruppenformel | Konstitutionsformel | Skelettformel |
|---|---|---|---|---|
| Essigsäure | $C_2H_4O_2$ | $CH_3COOH$ | | |
| Ethanol | $C_2H_6O$ | $CH_3CH_2OH$ | | |

2) Bei Stoffen, die auf Ionenbindung basieren, bildet eine riesige Zahl positiver und negativer Ionen ein Kristallgitter (Ionengitter). Es gibt keine Moleküle, und die für diese Verbindung angegebene **Formel (= Formeleinheit, Verhältnisformel)** gibt daher nur das durchgekürzte Verhältnis an, in welcher Anzahl die beteiligten Atome in dieser Verbindung vorkommen.

Ein Beispiel dafür ist das Natriumchlorid (NaCl). Die Verbindung NaCl kommt nicht als isoliertes Molekül vor, sondern baut ein Kristallgitter auf, in dem (siehe Bild) das Natriumion von 6 Chloridionen umgeben ist, während das Chloridion von 6 Natriumionen umgeben ist. Diese Struktur kann beliebig weitergeführt werden.

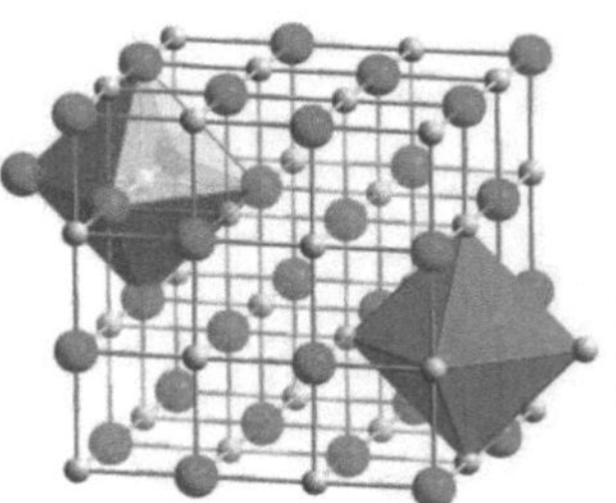

Natriumchlorid-Struktur

# Elementarzelle

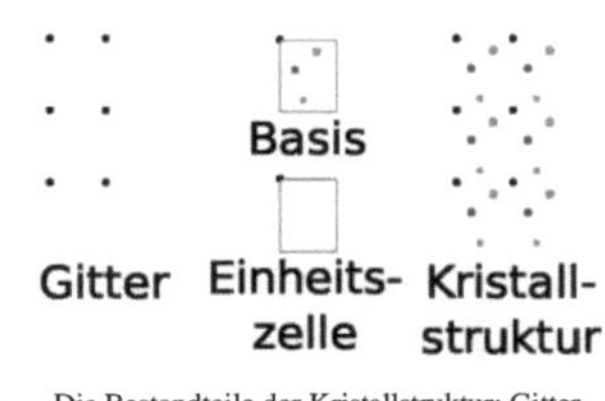


Die Bestandteile der Kristallstruktur: Gitter, Elementarzelle und Basis

Eine **Elementarzelle** oder **Einheitszelle** ist das von den Basisvektoren , , eines Kristallgitters gebildete Parallelepiped. Ihr Volumen ist das Spatprodukt der Basisvektoren. Den gesamten Kristall kann man sich aufgebaut denken aus der Verschiebung der Elementarzelle in alle drei Richtungen des Kristallgitters. Die Überdeckung des Raumes durch die Elementarzellen ist lückenlos und überlappungsfrei. Die zweidimensionale Entsprechung in der Oberflächenkristallographie ist die Elementarmasche.

## Beschreibung

Die Kristallstruktur ist eine 3-dimensional periodische Wiederholung eines Motivs. Die Menge aller Translationsvektoren, die einen Kristall mit sich zur Deckung bringen, bildet ein Punktgitter, das Kristallgitter G. Die Punkte dieses Gitters repräsentieren keine Atome, sie beschreiben lediglich die Periodizität der Struktur.

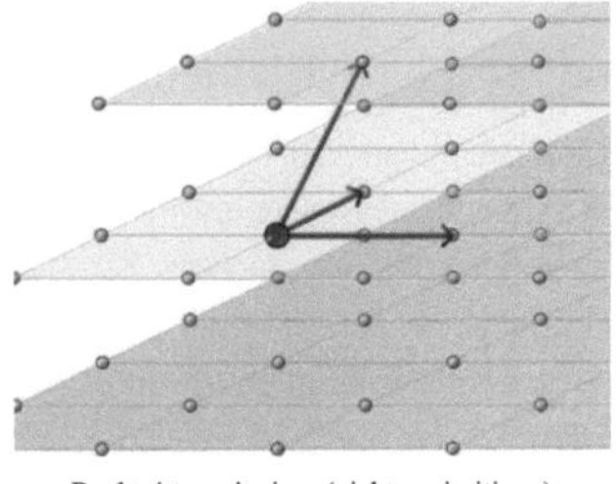

Punktgitter mit einer (nicht - primitiven) kristallographischen Basis

Drei beliebige Translationsvektoren , , , aus T, die nicht in einer Ebene liegen, bilden eine *kristallographische Basis*. Die Menge aller ganzzahligen Linearkombinationen dieser Basisvektoren bilden das Gitter B, das im Allgemeinen eine Untermenge des Kristallgitters G ist.

Diese Basisvektoren bilden das Koordinatensystem, mit dessen Hilfe der Kristall beschrieben wird. Sie definieren auch ein Volumenelement V, die Fundamentalmasche des Gitters B:

Dieses Volumenelement ist die **Elementarzelle** des durch die Vektoren , , beschriebenen Gitters. Es hat die Form eines Parallelepipeds.

Die Vektoren in G sind eindeutig bestimmt durch eine Symmetrieeigenschaft des Kristalls. Die Vektoren des Kristallgitters B dienen der Beschreibung des Kristalls. Daher kann man sie sich aus der Menge G geeignet auswählen. Für diese Auswahl gibt es allerdings Standards.(siehe unten)

### Anwendung

Alle Punkte des Raumes lassen sich eindeutig einer Elementarzelle zuordnen. Diese ist um einen Kristallgittervektor vom Ursprung verschoben. Zwei Punkte des Raumes sind bezüglich des Kristallgitters äquivalent, wenn sie relativ zum Ursprung ihrer Elementarzelle dieselbe Position einnehmen. Somit teilt das Kristallgitter den Raum in Äquivalenzklassen ein. Jede Äquivalenzklasse besteht aus allen Punkten, die sich von einem gegebenen Punkt nur durch einen Translationsvektor des Kristallgitters unterscheiden.

Die Atome, die in einer Elementarzelle liegen bilden die Basis des Kristalls. Zur Beschreibung des Kristalls ist es ausreichend, die Lage der Atome der Basis in der Elementarzelle anzugeben. Diese Atome können auch als Vertreter einer Äquivalenzklasse betrachtet werden. Bei der Diskussion von Kristallstrukturen wird der Begriff *Atom der Basis* oft auch stillschweigend in diesem Sinn verwendet.

## Die primitive Elementarzelle

Hat man die Basisvektoren so gewählt, dass das von ihnen gebildete Gitter B mit dem Kristallgitter G identisch ist, so nennt man diese Basis **primitiv**. Diese Vektoren beschreiben dann eine primitive Elementarzelle. Die Koordinaten der Punkte des Kristallgitters sind ganzzahlig.

Jede primitive Elementarzelle enthält nur einen Punkt des Kristallgitters. Sie ist die Elementarzelle mit dem kleinst möglichen Volumen.

In dem Bild sind alle Punkte des Kristallgitters dargestellt. Nur ein Eckpunkt (0,0,0) gehört zur Elementarzelle.

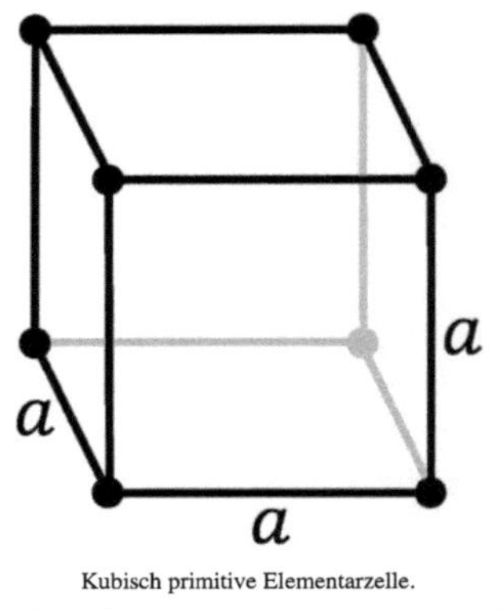


Kubisch primitive Elementarzelle.

## Die zentrierte Elementarzelle

Insbesondere dann, wenn man ein Achsensystem verwenden will, das den Symmetrieelementen der Raumgruppe des Kristalls angepasst ist, kommt man bei den meisten Kristallsystemen nicht umhin, auch nicht-primitive Elementarzellen zu verwenden. Das Kristallgitter enthält dann auch Punkte mit nicht ganzzahligen Koordinaten. Eine Elementarzelle enthält somit mehrere Punkte des Kristallgitters.

Diese Elementarzellen heißen zentriert. Ihr Volumen ist ein Vielfaches des Volumens der primitiven Elementarzelle. Zur Beschreibung aller möglichen Strukturen dreidimensionaler Kristalle mit einer konventionellen Zelle benötigt man 14 unterschiedliche Gitter. Dies sind die Bravais-Gitter.

In dem Bild sind alle Punkte des Kristallgitters dargestellt. Nur ein Eckpunkt (0,0,0) und der innere Punkt gehören zur Elementarzelle. In diesem Fall ist der Vektor (½, ½, ½) ein Vektor des Kristallgitters, der keine ganzzahligen Koordinaten hat.

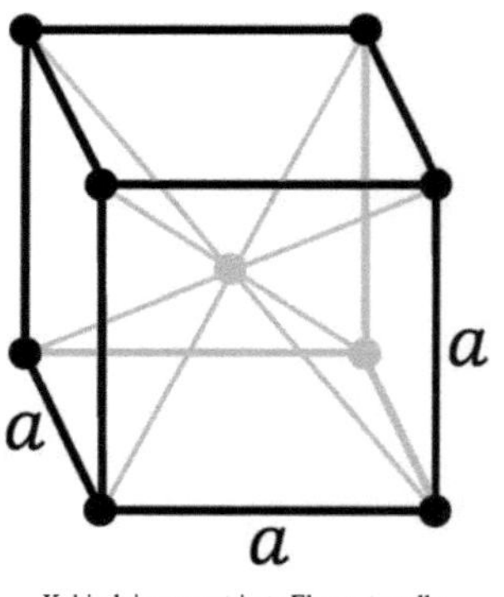


Kubisch innenzentrierte Elementarzelle.

## Andere Zellen

Man kann eine lückenlose und überlappungsfreie Zerlegung des Raumes auch mit Zellen erreichen, die nicht die Form eines Parallelepipeds haben und somit **keine** Elementarzellen im eigentlichen Sinne sind.

Die bekannteste dieser Zellen ist die Wigner-Seitz-Zelle.

Zur Beschreibung von hexagonal dichtesten Kugelpackungen wird in der Literatur oft ein 6-eckiges Prisma als Zelle verwendet. Dieses Prisma ist keine Elementarzelle. Es dient in aller Regel auch nicht zur kristallographischen Beschreibung der Struktur, sondern nur zu deren Veranschaulichung.

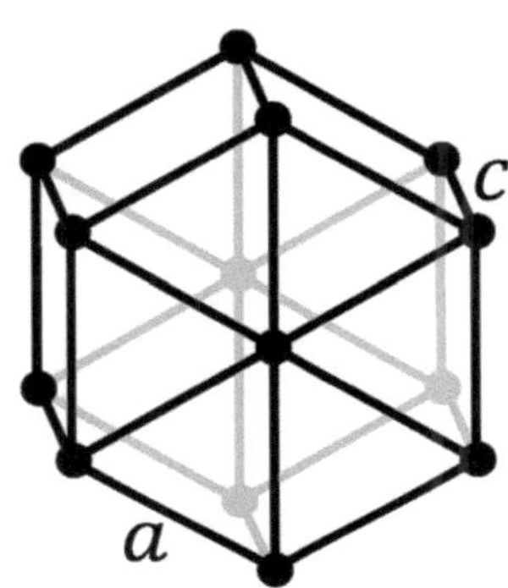

Darstellung einer hexagonalen Zelle. Dies ist **keine** Elementarzelle.

### Die asymmetrische Einheit

Bislang wurde als einzige Symmetrieoperation die Translation betrachtet. In einem Kristall können aber auch noch andere Symmetrieoperationen existieren: die Drehung, die Punktspiegelung, die Drehinversion, die Schraubung und die Gleitspiegelung. Die Menge aller Symmetrienoperationen eines Kristalls bilden seine Raumgruppe. Auch diese Symmetrieoperationen bilden den Kristall auf sich selbst ab. Insbesondere kann aber auch ein Teil der Elementarzelle durch eine solche Operation auf einen anderen Teil der Elementarzelle abgebildet werden. In diesem Falle sind die zwei Teile der Elementarzelle symmetrisch äquivalent zu einander. Ein Volumenelement des Kristalls, aus dem der Kristall unter Verwendung **aller** Symmetrieoperationen der Raumgruppe gebildet werden kann nennt man asymmetrische Einheit (engl. asymmetric unit). Sie ist in der Regel kleiner als die primitive Elementarzelle. Für jede Raumgruppe ist eine asymmetric unit in den International Tables angegeben.

## Zur Problematik der unterschiedlichen Begriffe

Der Sprachgebrauch ist nicht immer eindeutig und auch international nicht einheitlich. Bei deutschsprachigen Kristallographen ist *Elementarzelle* der übliche Begriff, der gleichbedeutend mit englisch *unit cell* verwendet wird. Gleichbedeutend sind auch frz. *maille élémentaire* und ital. *cella elementare*. Diese Bezeichnungen werden meist im Sinne von „konventioneller Zelle“ (s. u.) verwendet, können aber auch eine primitive Zelle bezeichnen. Bemerkenswert ist, dass der französische Begriff bei älteren Autoren noch nicht vorkommt: Bravais verwendete *parallélogramme générateur* oder *maille parallélogramme* in zwei Dimensionen und *parallélopipède générateur* oder *noyau* („Kern“) in drei Dimensionen. Mallard schrieb einfach *maille*, Friedel *maille simple*. Eindeutig sind nur die Begriffe „primitive Zelle“ und „konventionelle Zelle“. Die *Commission for Crystallographic Nomenclature of the International Union of Crystallography* gibt dazu folgende Definitionen:

Unit cell

> Die *unit cell* (dt. *Einheitszelle*, frz. *maille*) ist das von den drei Vektoren a, b, c einer kristallographischen Basis des direkten Gitters aufgespannte Parallelepiped. Ist die Basis primitiv, so heißt die Einheitszelle „primitive Zelle“ (*primitive cell*). Ist die Basis nicht primitiv, ist die Einheitszelle eine vielfache Zelle (*multiple cell*). Die Multiplizität ergibt sich aus dem Verhältnis ihres Volumens zum Volumen der primitiven Zelle.[1]

Primitive cell

> Eine primitive Zelle (frz. *maille primitive*) ist eine Einheitszelle, die von den Basisvektoren einer primitiven Basis des direkten Gitters aufgespannt wird. Das heißt, dass jeder Gittervektor als Linearkombination der drei Basisvektoren dargestellt werden kann.[2]

Conventional cell

Die *conventional cell* (frz. *maille conventionnelle*) ist für jedes Gitter diejenige Zelle, die folgende Bedingungen erfüllt:

1. Ihre Basisvektoren definieren ein rechtshändiges Achsensystem.
2. Ihre Kanten verlaufen entlang von Symmetrieachsen des Gitters.
3. Es ist die kleinste Zelle, die die vorstehenden Bedingungen erfüllt.

Kristalle mit dem gleichen Typ von konventioneller Zelle gehören zur gleichen *Kristallfamilie*.[3]

## Literatur


- Schwarzenbach D. *Kristallographie* Springer Verlag, Berlin 2001, ISBN 3-540-67114-5
- Hahn, Theo (Hrsg.): *International Tables for Crystallography Vol. A* D. Reidel publishing Company, Dordrecht 1983, ISBN 90-277-1445-2


## Einzelnachweise


[1] IUCr Online Dictionary of Crystallography: Unit cell (http://reference.iucr.org/dictionary/Unit_cell)

[2] IUCr Online Dictionary of Crystallography: Primitive cell (http://reference.iucr.org/dictionary/Primitive_cell)

[3] IUCr Online Dictionary of Crystallography: Conventional cell (http://reference.iucr.org/dictionary/Conventional_cell)


# Kristallstruktur

Die **Struktur von Kristallen** wird durch die beiden Begriffe *Gitter* und *Basis* beschrieben.

## Gitter

Das *Kristallgitter*, auch Punktgitter genannt, ist eine dreidimensionale Anordnung von (mathematischen) Punkten. Untereinheit des Gitters ist die sogenannte Elementarzelle. Sie enthält alle Informationen, die zum Beschreiben des Kristalls notwendig sind. Diese Elementarzellen werden durch Translationssymmetrie zu einem dreidimensionalen Netz erweitert. Das Kristallgitter ist ein Hilfsmittel, um die Symmetrie und Geometrie eines Kristalls zu beschreiben. Im dreidimensionalen Raum beschreiben die 14 Bravais-Gitter jede Möglichkeit der Zellenform. Von jedem Gitterpunkt der Zelle muss der (unendlich ausgedehnte) Kristall genau gleich aussehen, egal in welche Richtung man sieht. Weil das Kristallgitter nur aus Punkten aufgebaut ist, ist es immer zentrosymmetrisch.

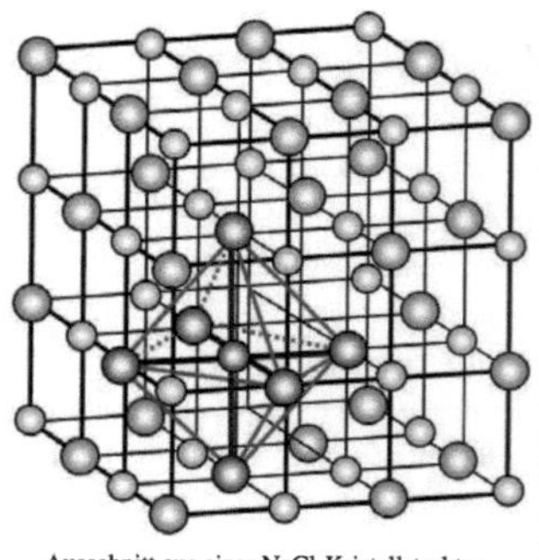

Ausschnitt aus einer NaCl-Kristallstruktur, Koordinationszahl: 6

Die *primitive Elementarzelle* ist eine Zelle, die nur einen Gitterpunkt enthält.

## Basis

Die *Basis* einer Kristallstruktur besteht aus Atomen, Ionen oder Molekülen. Sie stellt die kleinste Gruppe dieser Elemente dar, die sich periodisch im dreidimensionalen Raum deckungsgleich wiederholt. Die Basis besteht mindestens aus einem Atom, kann aber auch einige tausend Atome umfassen (Proteinkristalle). Bei Natriumchlorid besteht die Basis zum Beispiel aus einem $Na^+$- und einem $Cl^-$-Ion.

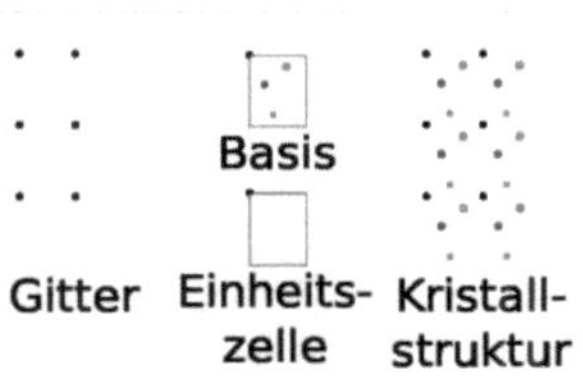

Die Bestandteile der Kristallstruktur

Jeder Basis wird dann ein Bezugspunkt zugewiesen (in der Illustration die linke obere Ecke des Rechtecks). Diese Bezugspunkte bilden das Kristallgitter, wenn man nur noch die Punkte betrachtet (im Bild *Gitter* genannt). Sie spannen die sogenannten Grundvektoren auf, welche von einem Gitterpunkt zu seinen Nachbarn weisen (in 2D: zwei, 3D: drei Stück). Das von diesen Grundvektoren aufgespannte Parallelepiped heißt Einheits- oder Elementarzelle. Diese hat an ihren Ecken demnach je einen Gitterpunkt, muss aber nicht zwischen direkt benachbarten Punkten gezogen werden, sondern kann beliebig groß gewählt werden.

In der Literatur wird oft vom Strukturtyp oder von der Gitterstruktur gesprochen. Man spricht dann vom *Natriumchloridgitter*, *Cäsiumchloridgitter* usw.. Weil aber das Kristallgitter nur Punkte enthält und keine Ionen, ist diese Ausdrucksweise irreführend. Präziser heißt es *Natriumchlorid-*, *Cäsiumchlorid-*, *Diamant-* oder auch *Zinkblende-Struktur*. Diese Strukturen werden für die Typisierung einer Reihe anderer Verbindungen genutzt, die in Bezug auf die Kristallstruktur mit den Beispielen übereinstimmen. Man kann also auch die Begriffe *Natriumchloridstrukturtyp*, *Cäsiumchloridstrukturtyp* usw. verwenden.

## Polymorphie

Chemisch identische Feststoffe können gleichwohl in verschiedenen Kristallmodifikationen auftreten, die sich in ihren physikalischen Eigenschaften unterscheiden, beispielsweise unterschiedliche Schmelzpunkte besitzen. Das nennt man Polymorphie. Zur Untersuchung der Polymorphie, die in der Pharmazie zur Charakterisierung einiger Arzneistoffe eine besondere Bedeutung besitzt, ist die Differential-Thermoanalyse (DTA) eine häufig eingesetzte Methode. Die DTA erlaubt, dieses komplexe Phänomen zu erkennen und zu interpretieren, insbesondere wenn die Analysenprobe eine Mischung mehrerer Kristallmodifikationen ist.[1]

## Periodensystem der Elemente

Die Strukturen für metallische Elemente bei Standardbedingungen sind farbcodiert dargestellt[2] mit Quecksilber als einziger Ausnahme, bei der die Tieftemperaturform für das sonst flüssige Element angegeben ist. Nichtmetalle wie Edelgase sind bei Standardbedingungen nicht-kristallin, während andere wie Kohlenstoff verschiedene Allotrope haben können und daher nicht aufgezählt werden.

| Gruppe | 1 | 2 | 3 | 4 | 5 | 6 | 7 | 8 | 9 | 10 | 11 | 12 | 13 | 14 | 15 | 16 | 17 | 18 |
|---|---|---|---|---|---|---|---|---|---|---|---|---|---|---|---|---|---|---|
| Periode | | | | | | | | | | | | | | | | | | |
| 1 | H | | | | | | | | | | | | | | | | | He |
| 2 | Li (bcc) | Be (hcp) | | | | | | | | | | | B | C | N | O | F | Ne |
| 3 | Na (bcc) | Mg (hcp) | | | | | | | | | | | Al (fcc) | Si | P | S | Cl | Ar |
| 4 | K (bcc) | Ca (fcc) | Sc (hcp) | Ti (hcp) | V (bcc) | Cr (bcc) | Mn | Fe (bcc) | Co (hcp) | Ni (fcc) | Cu (fcc) | Zn | Ga | Ge | As | Se | Br | Kr |
| 5 | Rb (bcc) | Sr (fcc) | Y (hcp) | Zr (hcp) | Nb (bcc) | Mo (bcc) | Tc (hcp) | Ru (hcp) | Rh (fcc) | Pd (fcc) | Ag (fcc) | Cd | In | Sn | Sb | Te | I | Xe |
| 6 | Cs (bcc) | Ba (bcc) | La* | Hf (hcp) | Ta (bcc) | W (bcc) | Re (hcp) | Os (hcp) | Ir (fcc) | Pt (fcc) | Au (fcc) | Hg | Tl (hcp) | Pb (fcc) | Bi | Po | At | Rn |
| 7 | Fr | Ra (bcc) | Ac** | Rf | Db | Sg | Bh | Hs | Mt | Ds | Rg | Cn | Uut | Uuq | Uup | Uuh | Uus | Uuo |
| | | | | | | | | | | | | | | | | | | |
| * | La | Ce (fcc) | Pr | Nd | Pm (hcp) | Sm | Eu (bcc) | Gd (hcp) | Tb (hcp) | Dy (hcp) | Ho (hcp) | Er (hcp) | Tm (hcp) | Yb (fcc) | Lu (hcp) | | | |
| ** | Ac (fcc) | Th (fcc) | Pa | U | Np | Pu | Am (hcp) | Cm (hcp) | Bk | Cf | Es | Fm | Md | No | Lr | | | |

**Bravais-Gitter**

| Kubisch raumzentriertes Gitter (bcc) | Hexagonal dichteste Kugelpackung (hcp) | Kubisch flächenzentriertes Gitter (fcc) | ungewöhnlich | unbekannt | Nichtmetall |
|---|---|---|---|---|---|

# Siehe auch

- Punktgruppe
- Raumgruppe
- Kristallsystem
- Quasikristall
- Ionengitter
- Reziproker Raum
- Gitterfehler
- Spaltspuren
- Elementarmasche

## Literatur

- Arnold Fr. Holleman, Egon Wiberg: *Lehrbuch der Anorganischen Chemie.* 101. Auflage, Gruyter, 1995, ISBN 3-11-012641-9.

## Weblinks

- Viktor Goldschmidt – Der Atlas der Krystallformen [3]
- COD [4] – Eine kristallographische Datenbank

## Einzelnachweise

[1] Herbert Feltkamp, Peter Fuchs, Heinz Sucker (Herausgeber): *Pharmazeutische Qualitätskontrolle.* Georg Thieme Verlag, 1983, ISBN 3-13-611501-5, S. 307–319.
[2] Greenwood, Norman N.; Earnshaw, Alan. (1997), Chemistry of the Elements (2nd ed.), Oxford: Butterworth-Heinemann, ISBN 0080379419
[3] http://www.meinemineraliensammlung.de/victor/goldschmidt/
[4] http://www.crystallography.net/

# Strukturtyp

Als **Strukturtyp** fasst man Kristallstrukturen zusammen, die die gleiche Symmetrie, d.h. die gleiche Raumgruppe haben, und in denen jeweils die gleichen Punktlagen besetzt sind (angegeben in der Wyckoff-Sequenz). Darüber hinaus müssen auch die Atomumgebungen (Koordinations-Polyeder) übereinstimmen, was eine ungefähre Gleichheit der Achsenverhältnisse (Zellform) verlangt. Kristalline Substanzen, die zum gleichen Strukturtyp gehören, nennt man *isotyp*. Die Stöchiometrie isotyper Substanzen muss übereinstimmen; die Art der Atome, der Bindungscharakter und die Atomabstände spielen dagegen für die Klassifizierung keine Rolle. Der Strukturtyp ist im Prinzip eine rein geometrische Angabe. Diese genügt aber, um Ordnung in eine unüberschaubare Anzahl von Verbindungen zu bringen. Darüber hinaus lassen sich über Strukturtypen und deren zugehöriger Symmetrie Verwandtschaftsverhältnisse aufzeigen. [1] Der Strukturtyp ist als ein Hilfsmittel zu einer solchen Ordnungsfindung in der anorganischen Kristallstrukturdatenbank ICSD dokumentiert.[2] Diese Datenbank enthält Ende 2011 rund 147.000 Einträge.

Zu den wichtigsten Strukturtypen zählen Elementstrukturen wie die kubisch dichteste Kugelpackung, die hexagonal dichteste Kugelpackung und das kubisch raumzentrierte Gitter. Noch häufiger ist der Natriumchlorid-Typ. Dazu gehören neben Natriumchlorid, Magnesiumoxid und Bleisulfid noch rund 200 meist ionische, aber auch Verbindungen mit stark kovalentem Bindungsanteil.

Von hochsymmetrischen Strukturtypen leiten sich durch Symmetrieabbau häufig weitere Typen ab. Bei einigen Typen existieren ganze Stammbäume (z.B. beim Perowskit). Der höchstsymmetrische Typ ist dann der Aristotyp.

Die zehn häufigsten Strukturtypen sind: NaCl, Spinell ($Al_2MgO_4$), $GdFeO_3$ (symmetrieerniedrigter Perowskit), $ThCr_2Si_2$ ($BaAl_4$), $Cu_2Mg$ (kubische Laves-Phase), $CaTiO_3$ (kubischer Perowskit), Cu (kubisch dichte Kugelpackung), $AuCu_3$ (geordnet besetzter Cu-Typ), CsCl und $Fe_2P$.

## Nomenklatur

Die Strukturtypen werden üblicherweise nach einer Substanz (Element, Verbindung oder Mineral) benannt. Eine andere Nomenklatur wird seit 1923 in den Strukturberichten verwendet. Diese Nomenklatur ist international unter dem deutschen Namen gebräuchlich (frz. *notation Strukturbericht*, engl. *Strukturbericht designation*) und wird vor allem in der Metallurgie noch viel benutzt.

Die Nomenklatur der Strukturberichte teilt die Strukturtypen nach der Stöchiometrie in Gruppen ein, die durch Großbuchstaben bezeichnet sind. Innerhalb der Gruppen wurden die Strukturtypen nach der Reihenfolge der Entdeckung durchnummeriert. Die Strukturberichte enden 1939. Nach 1945 werden sie als Structure Reports fortgesetzt, aber ohne weitere Namen für Strukturtypen zu vergeben.

- A: Elemente
- B: AB-Verbindungen
- C: $AB_2$-Verbindungen
- D: $A_mB_n$-Verbindungen
- E: >2 Elemente ohne ausgesprochene Komplexbildung
- F: mit zwei- oder dreiatomigen Komplexen
- G: mit vieratomigen Komplexen
- H: mit fünfatomigen Komplexen
- L: Legierungen
- M: Mischkristalle
- O: organische Verbindung
- S: Silikate

Eine andere Methode der Beschreibung von Strukturtypen sind die Pearson-Symbole. Sie geben das Bravais-Gitter und die Anzahl der Atome je (standardisierte) Elementarzelle an. Da die Atome aber an verschiedenen Positionen sitzen können, reichen die Pearson-Symbole alleine nicht aus, um Strukturtypen voneinander abzugrenzen. Für eine weitere Unterscheidung wird die Wyckoff-Sequenz benutzt, die die besetzten Punktlagen beschreibt. Strukturen, die die gleiche Wyckoff-Sequenz und das gleiche Pearson-Symbol besitzen, werden isopointal genannt. Isopointale Strukturen lassen sich in der Datenbank ICSD leicht suchen. Für eine weitere Abgrenzung müssen dann weitere Kriterien herangezogen werden wie Achsenverhältnisse, beta-Winkel, ANX-Formeln, nötige und ausgeschlossenen chemische Elemente.

### Liste ausgewählter Strukturtypen

| **Bezeichnung in den Strukturberichten** | **Strukturtyp, Hauptvertreter (Prototyp)** | **Raumgruppe** | **Pearson-Symbol** | **weitere Beispiele** | **Anzahl in ICSD (Stand: 1. Dez. 2011) *** |
|---|---|---|---|---|---|
| | | A | | | |
| $A_h$ | α-Polonium<br>kubisch primitives Gitter (sc) | | cP1 | | 31 |
| A1 | Kupfer<br>kubisch flächenzentriertes Gitter (fcc)<br>kubisch dichteste Kugelpackung (ccp) | | cF4 | γ-Eisen, Gold | 1122 |
| A2 | Wolfram<br>kubisch raumzentriertes Gitter (bcc) | | cI2 | Vanadium, α-Eisen | 667 |
| A3 | Magnesium<br>hexagonal dichteste Kugelpackung (hcp) | | hP2 | Cobalt | 689 |
| A3' | α-Lanthan<br>dhcp-Struktur | | hP4 | | 70 |

| | | | | | |
|---|---|---|---|---|---|
| A4 | Diamant | | tI4 | Silizium | 71 |
| A5 | β-Zinn | | hP4 | | 50 |
| A6 | Indium | | tI2 | | 72 |
| A7 | Arsen | | hR2 | | 13 |
| A8 | γ-Selen | | hP3 | | 40 |
| A9 | Graphit | | hP4 | | 5 |
| A14 | Iod | | oS8 | | 25 |
| | | B | | | |
| B1 | Natriumchlorid (NaCl) | | cF8 | FeO, PbS | 3243 |
| B2 | Caesiumchlorid (CsCl) | | cP2 | FeAl, NiAl | 1081 |
| B3 | Sphalerit-Typ (ZnS) | | cF8 | | 745 |
| B4 | Wurtzit-Typ (ZnS) | | hP4 | | 445 |
| B8 | Nickelarsenid (NiAs) (Nickelin) | | hP4 | | 494 |
| | | C | | | |
| C1 | Fluorit-Typ ($CaF_2$) | | cF12 | | 784 |
| C2 | Pyrit ($FeS_2$) | | cP12 | | 375 |
| C3 | Cuprit ($Cu_2O$) | | cP6 | | 32 |
| C4 | Rutil ($TiO_2$) | | tP6 | | 578 |
| C5 | Anatas ($TiO_2$) | | tI12 | | 16 |
| C6 | Cadmiumiodid ($CdI_2$) | | hP3 | | 208 |
| C7 | Molybdänit ($MoS_2$) | | hP6 | | 27 |
| C8 | Quarz ($SiO_2$) HT | | hP9 | | 23 |
| C8a | Quarz ($SiO_2$) HT | | hP9 | | 183 |
| C9 | Cristobalit ($SiO_2$) | | cF24 | | 5 |
| C10 | Tridymit ($SiO_2$) | | hP12 | | 9 |
| C14 | $MgZn_2$<br>Hexagonale Laves-Phase | | hP12 | | 331 |
| C15 | $Cu_2Mg$<br>kubische Laves-Phase | | cF24 | | 2186 |
| C18 | Markasit ($FeS_2$) | | oP6 | | 109 |
| C19 | Cadmiumchlorid ($CdCl_2$) | | hR3 | | 34 |
| C21 | Brookit ($TiO_2$) | | oP24 | | 17 |
| | | D | | | |
| $D0_2$ | Skutterudit ($CoAs_3$) | | cI32 | | 75 |
| $D5_1$ | Korund ($Al_2O_3$) | | hR10 | | 336 |
| $D5_8$ | Stibnit (Antimonit, $Sb_2S_3$) | | oP20 | | 99 |
| | | E | | | |
| $E1_1$ | Chalkopyrit ($CuFeS_2$) | | tI16 | | 512 |
| $E2_1$ | Perowskit (ideal) ($CaTiO_3$) | | cP5 | | 1397 |
| $E2_2$ | Ilmenit ($FeTiO_3$) | | hR10 | | 240 |

| F | | | | | |
|---|---|---|---|---|---|
| $F5_1$ | ($NaCrS_2$) | | hR4 | | 700 |
| G | | | | | |
| $G0_1$ | Calcit ($CaCO_3$) | | hR10 | | 169 |
| $G0_2$ | Aragonit ($CaCO_3$) | | oP20 | | 92 |
| H | | | | | |
| $H1_1$ | Spinell ($MgAl_2O_4$) | | cF56 | | 3031 |
| H2 | Baryt ($BaSO_4$) | | oP24 | | 159 |
| L | | | | | |
| $L1_1$ | CuAu | | tP2 | | 154 |
| $L1_2$ | $Cu_3Au$ | | cP4 | | 1123 |
| $L2_1$ | $AlCu_2Mn$ | | cF16 | | 754 |
| *) Die Anzahl enthält auch Mehrfachbestimmungen | | | | | |

## Zugehörige Begriffe

Isotypie

Als isotyp (von griechisch ἴσος *isos* "gleich", und griechisch τύπος *typos* "Wesen, Charakter") werden Substanzen bezeichnet, die zum selben Strukturtyp gehören.

Anisotypie

Neben der Isotypie existiert noch eine Anisotypie. Hierbei sind die Plätze von Kationen und Anionen vertauscht, als Beispiel seien Calciumfluorid ($CaF_2$) und Lithiumoxid ($Li_2O$) genannt. $Li_2O$ kristallisiert im Anti-$CaF_2$-Typ

Homöotypie

Im strengen Sinne sind zwei Kristallstrukturen nur bei analoger chemischer Summenformel, gleicher Symmetrie (Raumgruppe) und weitgehender Ähnlichkeit in der Atomanordnung *isotyp*. Für Kristalle, die dem zwar nicht voll entsprechen, aber trotzdem in ihren Strukturen sehr ähnlich sind, wurde der Begriff Homöotypie geprägt. So sind beispielsweise die Kohlenstoffmodifikation Diamant und Sphalerit (ZnS), Calcit ($CaCO_3$) und Dolomit ($CaMg(CO_3)_2$) sowie Quarz ($SiO_2$) und Berlinit ($AlPO_4$) homöotyp.

Polytypie

liegt vor, wenn eine Verbindung in mehreren Strukturtypen kristallisieren kann. So kommt der Kohlenstoff C als Graphit und Diamant (als Hochdruck-Modifikation) vor. Daneben gibt es noch die Fulleren-Struktur mit C60 und anderen Molekülen.

Pearson-Symbol

Diese gibt die Art des Bravais-Gitters (2 Buchstaben) und die Zahl der Atome in der (standardisierten) Zelle an. Die Buchstaben für das Kristallsystem sind: c: kubisch, t: tetragonal, h: hexagonal/trigonal, o: orthorhombisch, m: monoklin, a: triklin (anorthisch). Die Zellen können primitiv (P) oder zentriert sein (F, I, R, S) (S: eine Seitenfläche zentriert). Damit ergeben sich 14 Bravaissymbole: cP, cI, cF, tP, tI, hP, hR, oP, oI, oS, oF, mP mS und aP. Daran wird die Zahl der Atome pro Zelle angehängt (bezogen auf die standardisierte Zelle, bei rhomboedrischen Strukturen ist das die primitive Zelle und nicht die verdreifachte hexagonale Zelle).

Wyckoff-Sequenz

In den "International Tables for X-Ray Crystallograpy" sind u.a. die 230 Raumgruppen mit ihren verschiedenen Punktlagen aufgelistet. Die Punktlagen sind alphabetisch durchnummeriert. Den Buchstaben a bekommt die Lage mit der höchsten Symmetrie, meist im Nullpunkt 0 0 0 der Zelle gelegen. Die allgemeine Lage x y z ohne Eigensymmetrie bekommt den höchsten Buchstaben. In der Wyckoff-Sequenz wird angegeben, welche Lagen wie oft besetzt sind. So hat der NaCl-Typ die Wyckoff-Sequenz "b a". Die Wyckoff-Sequenz ist nicht ganz eindeutig, sondern bei einigen Raumgruppen abhängig von der Nullpunktswahl. So geht die Wyckoff-Sequenz des Spinelltyps "e d a" bei einer Verschiebung um 0.5 0.5 0.5 über in "e c b". Um solche Mehrdeutigkeitem zu vermeiden, sollten vor einem Vergleich die Strukturen standardisiert werden (z.B. mit dem Programm Structure Tidy).

Aristotyp

Ist die idealisierte Stammstruktur, von der sich die gegebene Struktur durch Symmetrieabbau ableitet. So ist der Aristotyp des $AuCu_3$ -Typs der Cu-Typ oder der Aristotyp des $GdFeO_3$ -Typs der $CaTiO_3$ -Typ.

Isopointal

Als isopointal werden zwei Strukturen bezeichnet, die in Pearson-Symbol und Wyckoff-Sequenz übereinstimmen. Trotzdem können sie zu verschiedenen Strukturtypen gehören.

Koordinationspolyeder (Atomumgebung)

Das Koordinationspolyeder wird von den direkt gebundenen (oder nächsten) Nachbaratomen gebildet. Deren Lagen werden als Spitzen eines Polyeders aufgefasst. Häufige Koordinationspolyeder sind (mit Kurzbezeichnung in Klammern): Tetraeder (4t), Oktaeder (6o), tetragonale Pyramide (5y), 6-seitiges Prisma (12p), Kuboktaeder (12co), Ikosaeder (12i), tertagonales Antiprisma (8ap) und 3fach zentriertes trigonales Prisma (6p3c). Die Definition des ersten Nachbarn ist etwas willkürlich: die erste große Lücke in der Abstandsliste trennt nächste und übernächste Nachbarn. Oder man nimmt als nächste Nachbarn alle Atome, die nicht weiter als 120% der Summe der Atom- oder Ionenradien voneinander entfernt sind. Die sauberste Definition erfolgt über Dirichlet-Domänen. Dabei wird der Raum durch die mittelsenkrechten Ebenen auf den Atomabständen unterteilt. Jedes Atom bekommt dadurch einen Raumbereich zugeschrieben. Diese Bereiche füllen den Raum lückenlos ohne Überlappungen. Nachbar ist, wer eine gemeinsame Grenzfläche mit dem Zentralatom besitzt. Alle Vertreter eines Typs müssen die gleichen Koordinationspolyeder aufweisen.

## Literatur


- Hans-Joachim Bautsch, Will Kleber, Joachim Bohm: *Einführung in die Kristallographie* [3]. Oldenbourg Wissenschaftsverlag, 1998.
- J. Lima-de-Faria, E. Hellner, F. Liebau, E. Makovicky, E. Parthé (1990). Nomenclature of inorganic structure types. *Acta Cryst.* **A46**, 1-11. doi:10.1107/S0108767389008834 [4]


## Einzelnachweise


[1] Hartmut Bärnighausen: Group-Subgroup Relations between Space Groups: A Useful Tool in Crystal Chemistry, "MATCH", Communication in Mathematical Chemistry 1980, 9, 139-175.

[2] Rudolf Allmann, Roland Hinek: The introduction of structure types into the Inorganic Crystal structure Database ICSD, *Acta Cryst.* **A63**, 2007, 412-417. doi:10.1107/S0108767307038081 (http://dx.doi.org/10.1107/S0108767307038081)

[3] http://books.google.com/books?id=K7GKi1RA8FMC

[4] http://dx.doi.org/10.1107/S0108767389008834

# Bismut(III)-iodid

| Kristallstruktur | |
|---|---|
| | |
| $Bi^{3+}$ $I^-$ | |
| **Allgemeines** | |
| Name | Bismut(III)-iodid |
| Andere Namen | Bismuttriiodid |
| Verhältnisformel | $BiI_3$ |
| CAS-Nummer | 7787-64-6 |
| Kurzbeschreibung | dunkelgraues Pulver mit säuerlichem Geruch[1] |
| **Eigenschaften** | |
| Molare Masse | 589,69 $g{\cdot}mol^{-1}$ |
| Aggregatzustand | fest |
| Dichte | 5,78 $g{\cdot}cm^{-3}$[1] |
| Schmelzpunkt | 408 °C[1] |
| Siedepunkt | ca. 500 °C[1] |
| Löslichkeit | unlöslich in Wasser, gut löslich in Ethanol (500 g/l)[2] |
| **Sicherheitshinweise** | |

**GHS-Gefahrstoffkennzeichnung** [2]

**Gefahr**

H- und P-Sätze H: 314

EUH: *keine EUH-Sätze*

P: 280- 305+351+338- 310 [2]

**EU-Gefahrstoffkennzeichnung** [1]

**Ätzend**

**(C)**

R- und S-Sätze R: 34

S: 26-36/37/39-45

Soweit möglich und gebräuchlich, werden SI-Einheiten verwendet. Wenn nicht anders vermerkt, gelten die angegebenen Daten bei Standardbedingungen.

**Bismut(III)-iodid** ist ein Salz des Bismuts mit der Iodwasserstoffsäure. Es besitzt die Verhältnisformel $BiI_3$. Bismut liegt hierbei in der Oxidationsstufe +3 vor.

# Darstellung

Bismut(III)-iodid kann direkt aus den Elementen synthetisiert werden. Hierzu werden feinverteiltes Bismut und Iod zusammen erhitzt.[3]

# Eigenschaften

Es handelt sich um einen grauen bis schwarzen Feststoff, der bei 408 °C schmilzt. Sublimiert bzw. rekristallisiert bildet es schwarz-fettglänzende, graphitähnliche Blättchen. Bismut(III)-iodid kristallisiert im hexagonalen Kristallsystem.

Da Bismut(III)-iodid unlöslich in Wasser ist, kann es zum Nachweis von Bismut genutzt werden. Aus Bi(III)-haltigen Lösungen fällt bei Zugabe eines wasserlöslichen Iodidsalzes (beispielsweise Kaliumiodid) graues Bismut(III)-iodid aus und zeigt so die Anwesenheit von Bismut an. Der Niederschlag löst sich bei weiterer Zugabe des Iodidsalzes unter Bildung eines orangefarbenen Tetraiodobismutat-Komplexes ($[BiI_4]^-$) wieder auf.[4]

## Einzelnachweise

[1] Datenblatt *Bismut(III)-iodid* (http://www.alfa.com/de/GP100w.pgm?DSSTK=10656&rnd=319320352) bei AlfaAesar, abgerufen am 7. Januar 2010 (JavaScript erforderlich).
[2] Datenblatt *Bismut(III)-iodid* (http://www.sigmaaldrich.com/catalog/search/ProductDetail/ALDRICH/341010) bei Sigma-Aldrich, abgerufen am 13. März 2011.
[3] H. Erdmann, F. L. Dunlap: *Handbook of Basic Tables for Chemical Analysis*, John Wiley & Sons New York, S. 76.
[4] Jander, Blasius, Strähle: *Einführung in das anorganisch-chemische Praktikum*. 14. Auflage. Hirzel, Stuttgart 1995, ISBN 978-3-77-760672-9.

# Gefahrstoffverordnung

| Basisdaten | |
|---|---|
| Titel: | Verordnung zum Schutz vor Gefahrstoffen |
| Kurztitel: | Gefahrstoffverordnung |
| Abkürzung: | GefStoffV |
| Art: | Bundesrechtsverordnung |
| Geltungsbereich: | Bundesrepublik Deutschland |
| Rechtsmaterie: | Arbeitsschutzrecht, Besonderes Verwaltungsrecht |
| Fundstellennachweis: | 8053-6-34 |
| Ursprüngliche Fassung vom: | 26. Oktober 1993 (BGBl. I S. 1782, ber. S. 2049) |
| Inkrafttreten am: | 1. November 1993 |
| Neubekanntmachung vom: | 15. November 1999 (BGBl. I S. 2233, ber. 2000 I S. 739) |
| Letzte Neufassung vom: | 26. November 2010 (BGBl. I S. 1643 f.) |
| Inkrafttreten der Neufassung am: | 1. Dezember 2010 |
| Letzte Änderung durch: | Art. 2 G vom 28. Juli 2011 (BGBl. I S. 1622, 1625) |
| Inkrafttreten der letzten Änderung: | 4. August 2011 (Art. 7 Abs. 1 G vom 28. Juli 2011) |
| Bitte den Hinweis zur geltenden Gesetzesfassung beachten. | |

Die **Gefahrstoffverordnung** (**GefStoffV**) ist eine Verordnung zum Schutz vor gefährlichen Stoffen im deutschen Arbeitsschutz. Die Verordnungsermächtigung ist im Chemikaliengesetz (ChemG) enthalten. Seit 2005 ist auch das Arbeitsschutzgesetz gesetzliche Grundlage für die GefStoffV.

Die Gefahrstoffverordnung wurde bereits 1983 erarbeitet und 1986 erstmals erlassen. Seitdem ist sie mehrmals geändert worden:

- 1993 durch den Erlass einer eigenständigen Chemikalien-Verbotsverordnung
- 1999 durch die Einführung der gleitenden Verweistechnik für EG-Binnenmarktrichtlinien.
- 2004 In der Novellierung vom Dezember 2004 ist die Gefahrstoffverordnung grundlegend überarbeitet worden. Die am 29. Dezember 2004 im Bundesgesetzblatt veröffentlichte neue Gefahrstoffverordnung trat am 1. Januar 2005 in Kraft und dient insbesondere der Umsetzung der EG-Richtlinie 98/24/EG (Gefahrstoff-Richtlinie) in

deutsches Recht. Eine wichtige Neuerung gegenüber der alten Gefahrstoffverordnung ist die neue Gefährdungsbeurteilung und das Schutzstufenmodell. Mit dem Inkrafttreten der Gefahrstoffverordnung * 2005 wurde ein neues gesundheitsbasiertes Grenzwertkonzept eingeführt. Daher haben die in der TRGS 900 geführten Technische Richtkonzentrationen (TRK-Werte) keine Rechtsgrundlage mehr. Alle übrigen Grenzwerte (gesundheitsbasierte MAK-Werte) werden übergangsweise bis zum Erscheinen der neuen TRGS 900 weiter angewendet. Diese werden als AGW-Werte (Arbeitsplatzgrenzwerte) ausgewiesen.
- 2010: Am 1. Dezember 2010 ist die neu gefasste GefStoffV in Kraft getreten.[1] [2]

Bei der Gefährdungsbeurteilung sind Gefährdungen

- durch physikalisch-chemische Eigenschaften (insbesondere Brand- und Explosionsgefahren)
- durch toxische Eigenschaften und
- durch besondere Eigenschaften im Zusammenhang mit bestimmten Tätigkeiten

unabhängig voneinander zu beurteilen.

## Die ehemaligen Schutzstufen

Ausgehend von der Kennzeichnung des Gefahrstoffes wurden bis 30. November 2010 Tätigkeiten mit Gefahrstoffen in vier Schutzstufen eingeteilt (Schutzstufenkonzept):

- Schutzstufe 1: Mindestmaßnahmen
- Schutzstufe 2: Standardschutzstufe für Tätigkeiten mit Gefahrstoffen
- Schutzstufe 3: Zusätzliche Anwendung bei Arbeiten mit giftigen und sehr giftigen Stoffen
- Schutzstufe 4: Zusätzliche Anwendung bei Arbeiten mit krebserzeugenden, erbgutverändernden und fruchtbarkeitsschädigenden Stoffen (CMR-Stoffe).

## Die neuen Maßnahmenpakte

Das neue GHS-Kennzeichnungssystem ist mit diesem Schutzstufenkonzept nicht verträglich. Daher wurden die Schutzstufen aus der Gefahrstoffverordnung gestrichen. Das Herzstück der per 1. Dezember 2010 novellierten Verordnung sind die §§ 6 bis 10. Dort sind die Anforderungen an die Gefährdungsbeurteilung, Grundpflichten und Schutzmaßnahmen in Abhängigkeit von der Gefährdung beschrieben.

Die Paragraphen 7 bis 10 beschreiben konkrete Maßnahmenpakete, die in Abhängigkeit von den auftretenden Gefährdungen bei Tätigkeiten mit Gefahrstoffen umsetzen sind. Diese Maßnahmenpakete bauen aufeinander auf:

- §7 Grundpflichten bei der Durchführung von Schutzmaßnahmen
- §8 allgemeine Schutzmaßnahmen, die bei geringer Gefährdung und „normaler" Gefährdung
- §9 zusätzliche Schutzmaßnahmen bei „erhöhter" Gefährdung.
- §10 besondere Schutzmaßnahmen bei Tätigkeiten mit krebserzeugenden, erbgutverändernden und fruchtbarkeitsgefährdenen Gefahrstoffen der Kategorie 1 oder 2.

# Inhalt der Gefahrstoffverordnung

## Erster Abschnitt - Anwendungsbereich und Begriffsbestimmungen

### Zweck der GefStoffV - § 1 Abs. 1 GefStoffV

Schutz des Menschen und der Umwelt vor schädlichen Einwirkungen

- Arbeitsschutz
- Verbraucherschutz (Inverkehrbringen)
- Umweltschutz

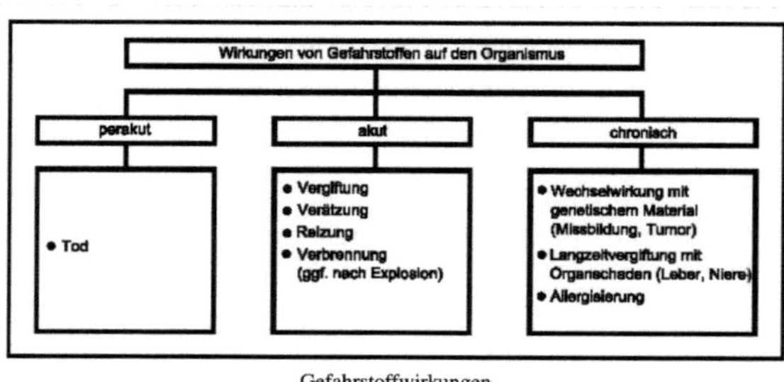

Gefahrstoffwirkungen

### Anwendungsbereich - § 1 GefStoffV

- für alle gefährlichen Stoffe und Zubereitungen im Sinne des § 3a Abs. 1 ChemG und für die, die sonstige chronisch schädigende Eigenschaften besitzen, oder explosionsfähig sind
- Stoffe, Zubereitungen und Erzeugnisse, die nach den Richtlinien 76/769/EWG, 96/59/EG oder 1999/45/EG zusätzlich zu kennzeichnen wären
- Biozid-Produkte, die nicht die Gefährlichkeitsmerkmale aufweisen und biologische Arbeitsstoffe, die als Biozid in Verkehr gebracht werden
- **Einschränkungen** sind anhand § 1 Abs. 2 bis 5 GefStoffV im Einzelfall zu prüfen: z.B. GefStoffV gilt nicht für biologische Arbeitsstoffe, die Verbote für bestimmte Chemikalien und die Regeln zum Umgang mit Gefahrstoffen gelten nicht Untertage und in Haushalten.
- Im Zweifelsfalle gilt: **Ein Arbeitnehmer muss mit einem Gefahrstoff arbeiten oder ein Gefahrstoff muss gewerblich in Verkehr gebracht werden.**
- **Ausnahmen**: Nach § 20 Abs. 1 GefStoffV durch die zuständige Behörde auf schriftlichen Antrag bei ebenso wirksamen Maßnahmen oder bei einer nicht zumutbaren Härte. Nach § 20 Abs. 2 GefStoffV keine Kennzeichnung für das Inverkehrbringen bei geringer Menge ohne Gefährdung und nicht hochentzündlich, explosionsgefährlich, ätzend, Biozid oder CMR-Stoff

### Begriffsbestimmung - § 2 GefStoffV

- **Tätigkeiten** (früher: Umgang) sind „allumfassend" geregelt (incl. Bedien- und Überwachungstätigkeiten); auch Beförderung (hier: allgemeine Schutzmaßnahmen beachten)
- **Arbeitsplatzgrenzwert (AGW)** zeitlich gewichtete durchschnittliche Konzentration eines Stoffes in der Luft in Bezug auf einen gegebenen Referenzzeitraum. Er gibt an, bis zu welcher Konzentration eines Stoffs akute oder chronische schädliche Auswirkungen auf die Gesundheit von Beschäftigten im Allgemeinen nicht zu erwarten sind.
- **Fachkundig** ist, wer zur Ausübung einer in dieser Verordnung bestimmten Aufgabe befähigt ist.
- **Sachkundig** ist, wer seine bestehende Fachkunde durch Teilnahme an einem behördlich anerkannten Sachkundelehrgang erweitert hat
- **Arbeitgeber** ihm steht der Unternehmer ohne Beschäftigte gleich
- **Beschäftigte**: ihnen stehen die in Heimarbeit… sowie Schüler, Studenten und sonstige Personen, insbesondere an wissenschaftlichen Einrichtungen Tätige, die Tätigkeiten mit Gefahrstoffen durchführen, gleich.

## Zweiter Abschnitt - Gefahrstoffinformation

### Gefährlichkeitsmerkmale - § 3 GefStoffV

Gefährliche Zubereitungen
Gefährliche Erzeugnisse
Gefährliche Stoffe
Gefahrstoffe
Gefährliche Stoffe, Zubereitungen und Erzeugnisse die beim Umgang gefährliche Stoffe freisetzen

der Begriff "Gefahrstoff" aus § 19 ChemG (Ermächtigungsgrundlage) gefährliche Stoffe nach § 3a des ChemG; explosionsfähige Stoffe und Zubereitungen; Stoffe und Zubereitungen, bei deren Umgang gefährliche Stoffe entstehen können; sonstige gefährliche chemische Arbeitsstoffe; für Stoffe, Zubereitungen und Erzeugnisse, die Krankheitserreger übertragen (siehe dazu auch: Gefahrensymbole)

### Einstufung, Kennzeichnung und Verpackung - §§ 4, 13, 15-17 ChemG, § 4 GefStoffV

- Einstufen von Stoffen nach Richtlinie 67/548/EWG, von Zubereitungen nach Richtlinie 1999/45/EG, von Biozid-Produkten (biol. Arbeitsstoffe) nach §§ 3 und 4 BiostoffV
- Richtige Kennzeichnung und Verpackung, ggf. Sicherheitsdatenblatt
- nach dem Stand der Technik herstellen
- Herstellungs- und Verwendungsverbote beachten
- Anmelden

**Sicherheitsdatenblatt und sonstige Informationspflichten - § 5 GefStoffV**

*Siehe Hauptartikel Sicherheitsdatenblatt*

## Dritter Abschnitt - Gefährdungsbeurteilung und Grundpflichten

- § 6 Gefährdungsbeurteilung
- § 7 Grundpflichten bei der Durchführung von Schutzmaßnahmen

## Vierter Abschnitt - Schutzmaßnahmen

Die Schutzmaßnahmen-Pakete werden mit steigender Gefährdung Schritt für Schritt umfangreicher. Bei geringer und normaler Gefährdung sind neben den in §7 festgelegten Grundpflichten zusätzlich die in §8 beschriebenen allgemeinen Schutzmaßnahmen zu ergreifen. Bei erhöhter Gefährdung kommen zusätzliche Maßnahmen nach §9 hinzu. Bei Tätigkeiten mit bestimmten chronisch schädigenden Stoffen sind außerdem besondere Schutzmaßnahmen nach §10 erforderlich

- § 11 Besondere Schutzmaßnahmen gegen physikalisch-chemische Einwirkungen, insbesondere gegen Brand- und Explosionsgefährdungen
- § 12 Tätigkeiten mit explosionsgefährlichen Stoffen und organischen Peroxiden
- § 13 Betriebsstörungen, Unfälle und Notfälle (Sicherheitsübungen in regelmäßigen Abständen; schnellstmögliche Wiederherstellung des Normalzustandes; Schutzausrüstung; Bereitstellung von Warn- und Kommunikationssystemen zur Anzeige einer erhöhten Gefährdung; Information betriebsfremder Unfall- und Notfalldienste über innerbetriebliche Notfallmaßnahmen.)
- § 14 Unterrichtung und Unterweisung der Beschäftigten. Hierzu gehört die schriftliche Betriebsanweisung in für die Beschäftigten verständlicher Form und Sprache. Die Unterweisung muss mündlich vor Aufnahme der Beschäftigung und danach mindestens jährlich arbeitsplatzbezogen erfolgen. Sie wird ergänzt durch eine Arbeitsmedizinisch-toxikologische Beratung mit Hinweis auf Angebotsuntersuchungen.
- § 15 Zusammenarbeit verschiedener Firmen. Der Arbeitgeber ist verantwortlich, dass nur Fremdfirmen herangezogen werden, die über die erforderliche Fachkenntnis und Erfahrung verfügen.

## Fünfter Abschnitt

### Verbote und Beschränkungen

- § 16 Herstellungs- und Verwendungsbeschränkungen
- § 17 Nationale Ausnahmen von Beschränkungsregelungen nach der Verordnung (EG) Nr. 1907/2006 REACH

## Sechster Abschnitt

### Vollzugsregelungen und Ausschuss für Gefahrstoffe

- § 18 Unterrichtung der Behörde
- § 19 Behördliche Ausnahmen, Anordnungen und Befugnisse
- § 20 Ausschuss für Gefahrstoffe(AGS). Der AGS ermittelt Technische Regeln für Gefahrstoffe - TRGS) und sonstige wissenschaftliche Erkenntnisse nach dem Stand der Technik, Arbeitsmedizin und Arbeitshygiene.

## Siebenter Abschnitt

**Ordnungswidrigkeiten und Straftaten**

- § 21 Chemikaliengesetz – Anzeigen
- falsche oder fehlende Mitteilung der Anmeldestelle nach dem Chemikaliengesetz
- falsche oder fehlende Mitteilung bei Arbeiten mit Asbest, bei Schädlingsbekämpfung und Begasung und bei Tätigkeiten mit bestimmten Mengen von Ammoniumnitrat
- § 22 Chemikaliengesetz – Tätigkeiten
- kein oder ein falsches Sicherheitsdatenblatt
- § 23 Chemikaliengesetz – EG-Rechtsakte
- kein oder ein falsches Sicherheitsdatenblatt
- § 24 Chemikaliengesetz – Herstellungs- und Verwendungsbeschränkungen

## Anhang I zu § 8 Absatz 8, § 11 Absatz 3 (Besondere Vorschriften für bestimmte Gefahrstoffe und Tätigkeiten

- Nummer 1 Asbest
- Nummer 2 2-Naphthylamin, 4-Aminobiphenyl, Benzidin, 4-Nitrobiphenyl
- Nummer 3 Pentachlorphenol und seine Verbindungen
- Nummer 4 Kühlschmierstoffe und Korrosionsschutzmittel
- Nummer 5 Biopersistente Fasern
- Nummer 6 Besonders gefährliche krebserzeugende Stoffe

# Kennzeichnung

## Wer?

- Hersteller (§ 5 GefstoffV)
- Importeur (§ 5 GefstoffV)
- Arbeitgeber (§ 8 Abs. 4 GefStoffV)
- (Vertreiber nach § 15 ChemG)

## Wie?

- deutlich und formatgerecht
- haltbar
- in Deutsch
- vollständig
- Außenverpackungen nach GGVSEB

### Womit?

- Bezeichnung
- Inhaltsstoffe
- Gefahrensymbole und Gefahrenbezeichnungen
- H-Sätze (neu nach GHS)
- P-Sätze (neu nach GHS)
- Name, Anschrift und Telefonnummer des Herstellers oder Importeurs

## Literatur


- Verordnung zur Anpassung der Gefahrstoffverordnung an die EG-Richtlinie 98/24/EG und andere EG-Richtlinien. Bundesgesetzblatt I (2004), S. 3758 ff, geändert S. 3855 ff.
- Thomas Smola: *Gefährdungsbeurteilung und Schutzstufenmodell der neuen Gefahrstoffverordnung*. Gefahrstoffe - Reinhaltung der Luft 65(1/2), S. 7 - 11 (2005), ISSN 0949-8036
- Helmut Blome, Wolfgang Pflaumbaum, Markus Berges: *Von den Technischen Richtkonzentrationen zu den Arbeitsplatzgrenzwerten der neuen Gefahrstoffverordnung*. Gefahrstoffe - Reinhaltung der Luft 65(1/2), S. 23 - 30 (2005), ISSN 0949-8036
- Thomas Schendler: Die neue Gefahrstoffverordnung: Brand- und Explosionsschutz. Gefahrstoffe - Reinhaltung der Luft 65(1/2), S. 37 - 40 (2005), ISSN 0949-8036
- Klaus Fröhlich, Ralf Oesterreicher: *Das Konzept der vier Stufen*. wlb -Wasser Luft und Boden 49(7-8), S. 44 - 45 (2005), ISSN 0938-8303
- R.Packroff, A.Kahl-Mentschel, M.Henn: Die neue Gefahrstoffverordnung. Praxistipps-Handlungshilfen-Hintergründe. Bundesanzeiger Verlag, 2005, ISBN 3-89817-429-8
- Gefahrstoffliste 2006 der gewerblichen Berufsgenossenschaften Gefahrstoffliste [3]
- Gabriele Janssen, monothematisches Supplement „Die neue Gefahrstoffverordnung", Beilage zur Ausgabe 02/2011 des Informationsdienstes „Gefahrstoff & Gefahrgut aktuell", ISSN 1865 – 231x


## Einzelnachweise

[1] Pressemitteilung des [[Bundesministerium für Arbeit und Sozialordnung|BMAS (http://www.bmas.de/portal/49038/)]] (vom 8. November 2010)

[2] Verordnung zur Neufassung der Gefahrstoffverordnung und zur Änderung sprengstoffrechtlicher Verordnungen (http://www.bmas.de/portal/49040/property=pdf/2010__11__08__gefahrenstoff__kabinett.pdf)

[3] http://www.dguv.de/ifa/de/pub/rep/rep05/bgia0106/index.jsp

## Weblinks

- Text der Neufassung der GefStoffV in der seit dem 1. Dezember 2010 gültigen Fassung (http://www.buzer.de/s1.htm?g=GefStoffV&f=1)
- Online-Werkzeuge für das Gefahrstoffmanagement (http://www.gefahrstoffe-im-griff.de)
- Einfaches Maßnahmenkonzept Gefahrstoffe und Schutzleitfäden für häufige Tätigkeiten (http://www.einfaches-massnahmenkonzept-gefahrstoffe.de)
- Landesamt für Arbeitsschutz, Gesundheitsschutz und technische Sicherheit Berlin (LAGetSi) (http://www.lagetsi.berlin.de)
- Neufassung der Gefahrstoffverordnung, Erläuterungen zur Neufassung der Gefahrstoffverordnung sowie einen Vergleich zur alten Gefahrstoffverordnung von der Bundesanstalt für Arbeitsschutz und Arbeitsmedizin (http://www.baua.de/cln_135/de/Themen-von-A-Z/Gefahrstoffe/Rechtstexte/Gefahrstoffverordnung.html)
- In Deutschland akkreditierte Messtellen für Gefahrstoffe, veröffentlicht vom Bundesverband der Messtellen für Umwelt- und Arbeitsschutz (kumulierte Liste der Zentralstelle der Länder für Sicherheitstechnik, der Deutschen

Akkreditierungsstelle Chemie GmbH und des Deutschen Akkreditierungssytems Prüfwesen GmbH) (http://www.bua-verband.de/gefahrstoffmessstellen.html)

# Radioaktivität

**Radioaktivität** (von lateinisch *radius*, ‚Strahl'; *Strahlungsaktivität*), **radioaktiver Zerfall** oder **Kernzerfall** ist die Eigenschaft instabiler Atomkerne, sich spontan unter Energieabgabe umzuwandeln. Die freiwerdende Energie wird in fast allen Fällen als ionisierende Strahlung, nämlich energiereiche Teilchen und/oder Gammastrahlung, abgegeben.

Der Begriff selbst (französisch *radioactivité*) wurde 1898 von Marie Curie geprägt.

DIN 4844-2 Warnzeichen D-W005 *Warnung vor radioaktiven Stoffen oder ionisierenden Strahlen* (auch auf abschirmenden Behältern)[1]

## Definitionen und Begriffe: Radioaktive Substanz, Zerfall, Strahlung

Radioaktive Substanz

Umgangssprachlich, gelegentlich auch fachsprachlich, wird das Wort ‚Radioaktivität' auch für *radioaktive Substanz* gebraucht.

Radioaktiver Zerfall

Der historisch geprägte Begriff *Zerfall* beschreibt treffend die Mengenabnahme des Ausgangsstoffes nach dem Zerfallsgesetz. Diese vereinfachte Sichtweise charakterisiert den Vorgang jedoch unvollständig. Auf der Ebene der Atome findet vielmehr eine gesetzmäßig definierte *Umwandlung* des jeweiligen einzelnen Atomkerns in einen bestimmten anderen Atomkern statt; auch dieser Einzelvorgang wird fachsprachlich Zerfall genannt.

ADR Gefahrgutklasse 7 *Radioaktive Stoffe*

Radioaktive Strahlung

Insbesondere in der öffentlichen Diskussion werden die Begriffe *Radioaktivität* und *Strahlung* oft miteinander verwechselt oder synonym verwendet: Mit Radioaktivität ist häufig nicht das Material, sondern die abgegebene Strahlung (Emission von Teilchen oder Energie) – oder sogar ionisierende Strahlung aus nicht radioaktiven Quellen – gemeint. Umgekehrt wird z. B. bei Berichten über Zwischenfälle oft von „ausgetretener Strahlung" gesprochen, wenn unbeabsichtigt freigesetzte, radioaktive Stoffe (Strahler) gemeint sind. Die häufig verwendete Formulierung „radioaktive Strahlung" ist pleonastisch, da *radioaktiv* bereits *strahlend* bedeutet; gemeint ist hierbei die *Strahlung radioaktiver Substanzen*.

## Grundlagen

Jeder Atomkern ist in seinem Grundzustand entweder stabil oder radioaktiv. Der Begriff Nuklid bezeichnet eine Sorte von Atomen mit gleichen Kernen. Ein radioaktives Nuklid heißt kurz Radionuklid.

Einige früher als stabil geltende Nuklide sind nach heutigem Wissen Radionuklide mit sehr langen Halbwertszeiten im Bereich bis zu einigen Trillionen Jahren, zum Beispiel $^{152}$Gd, $^{174}$Hf und $^{180}$W.[1] Aufgrund dieser sehr langen Halbwertszeiten ist die entsprechend geringe Radioaktivität nur mit großem Aufwand nachweisbar.

### Exponentielle zeitliche Abnahme

Radioaktiver Zerfall ist kein deterministischer Prozess. Der Zerfallszeitpunkt des einzelnen Atomkerns ist völlig zufällig. Allerdings gibt es für jedes Radionuklid einen festen Wert der *Zerfallswahrscheinlichkeit* pro Zeiteinheit; bei makroskopischen Stoffmengen führt dies dazu, dass die Mengenabnahme der Substanz in guter Näherung einem Exponentialgesetz folgt. Die Zerfallswahrscheinlichkeit kann auch durch die Halbwertszeit ausgedrückt werden, also den Zeitraum, nach dem durchschnittlich die Hälfte der Atomkerne einer Anfangsmenge zerfallen sind. Es gibt radioaktive Halbwertszeiten im gesamten Bereich von Sekundenbruchteilen bis zu Milliarden von Jahren. Sehr langlebig sind beispielsweise die Nuklide $^{238}$U, $^{235}$U, Thorium $^{232}$Th und Kalium $^{40}$K. Je kürzer die Halbwertszeit, desto größer ist bei gegebener Substanzmenge die Aktivität.

#### Zusammenhang zwischen Halbwertszeit und spezifischer Aktivität

| Isotop | Halbwertszeit | spezifische Aktivität |
|---|---|---|
| $^{131}$I | 8 Tage | 4.600.000.000.000 Bq/mg |
| $^{137}$Cs | 30 Jahre | 3.300.000.000 Bq/mg |
| $^{239}$Pu | 24.110 Jahre | 2.307.900 Bq/mg |
| $^{235}$U | 703.800.000 Jahre | 80 Bq/mg |
| $^{238}$U | 4.468.000.000 Jahre | 12 Bq/mg |
| $^{232}$Th | 14.050.000.000 Jahre | 4 Bq/mg |

### Statistische Schwankungen

Die Aktivität ist der Erwartungswert der Zahl der Zerfälle pro Zeiteinheit. Die tatsächliche Zahl der Zerfälle, die man in einem festen Zeitintervall beobachtet, schwankt zufallsweise um den Erwartungswert; die Häufigkeit, mit der dabei die einzelnen möglichen Anzahlen auftreten, folgt der Poisson-Verteilung. (Falls man die Schwankung durch wiederholte Messung beobachten will, muss die Halbwertszeit lang im Vergleich zur gewählten Dauer des Beobachtungsintervalls sein, damit gleichbleibende Bedingungen herrschen.)

Die Poisson-Verteilung lässt sich bei genügend großer mittlerer Anzahl durch die für Berechnungen bequemere Gauss-Verteilung annähern.

## Geschichte

1896 entdeckte Antoine Henri Becquerel bei dem Versuch, die gerade gefundene Röntgenstrahlung durch Fluoreszenz erklären zu wollen, dass Uransalz fotografische Platten zu schwärzen vermochte. Allerdings war die Uranprobe dazu auch ohne Vorbelichtung in der Lage, was Fluoreszenz als Ursache ausschloss. Wie er später zeigte, konnte diese neue Strahlung lichtundurchlässige Stoffe durchdringen und Luft ionisieren, ohne dabei von Temperaturänderungen oder chemischen Behandlungen der Probe beeinflusst zu werden. Weitere radioaktive Elemente fanden Marie und Pierre Curie 1898 mit Thorium sowie zwei neuen um ein Vielfaches stärker strahlenden Elementen, die sie Radium und Polonium tauften.

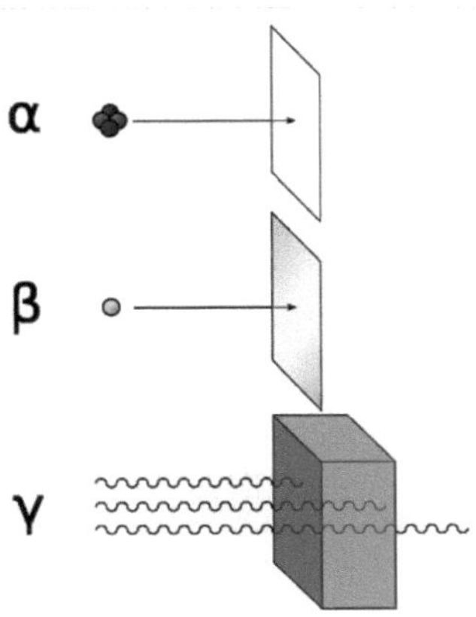

Alphastrahlung wird durch ein Blatt Papier, Betastrahlung durch ein Metallblech von einigen mm Dicke vollständig absorbiert; zur hinreichenden Schwächung von Gammastrahlung braucht man eine dickere Schicht aus einem Material möglichst hoher Dichte (siehe Abschirmung (Strahlung)).

Durch Untersuchung des Durchdringungsvermögens gelang es Ernest Rutherford 1899, zwei Strahlungskomponenten zu unterscheiden. Stefan Meyer und Egon Schweidler sowie Friedrich Giesel konnten noch im gleichen Jahr zeigen, dass diese in magnetischen Feldern in unterschiedliche Richtungen abgelenkt werden. Eine dritte Komponente, die sich nicht durch Magnetfelder ablenken ließ und ein sehr hohes Durchdringungsvermögen aufwies, wurde 1900 von Paul Ulrich Villard entdeckt. Für die drei Strahlungsarten prägte Rutherford die Bezeichnungen Alpha-, Beta- und Gammastrahlung. Bis 1909 hatte sich erwiesen, dass Alphastrahlung aus Heliumkernen und Betastrahlung aus Elektronen besteht. Die Vermutung, dass es sich bei Gammastrahlung um eine elektromagnetische Welle handelt, konnte erst 1914 von Rutherford und Edward Andrade bestätigt werden.

Bereits 1903 – sechs Jahre vor dem Nachweis von Atomkernen – entwickelten Rutherford und Frederick Soddy eine Hypothese, nach der die Radioaktivität mit der Umwandlung von Elementen verknüpft sei. Davon ausgehend formulierten 1913 Kasimir Fajans und Frederick Soddy die so genannten *radioaktiven Verschiebungssätze*. Diese beschreiben die Änderung von Massen- und Ordnungszahl beim Alpha- und Betazerfall, womit die natürlichen Zerfallsreihen als eine schrittweise Abfolge von diesen Zerfallsprozessen erklärt werden konnten.

Irène und Frédéric Joliot-Curie gelang es 1933 erstmals, radioaktive Elemente künstlich zu erzeugen. Durch den Beschuss von Proben mit α-Teilchen konnten sie neue Isotope herstellen, die aufgrund ihrer kurzen Halbwertszeiten in der Natur nicht vorkommen. Bei ihren Versuchen entdeckten sie 1934 eine neue Art des Betazerfalls, bei dem Positronen anstelle von Elektronen abgestrahlt werden. Seither unterscheidet man zwischen $\beta^+$- und $\beta^-$-Strahlung.

## Zerfallsarten

Es werden drei hauptsächliche Zerfallsarten unterschieden: Alpha-, Beta- und Gamma-Zerfall. (Da man zum Zeitpunkt ihrer Entdeckung noch nicht wusste, um welches Phänomen es sich handelte, bezeichnete man die 3 Strahlenarten einfach in der Reihenfolge zunehmenden Durchdringungsvermögens mit den ersten 3 Buchstaben des griechischen Alphabets.) Beim Alpha-Zerfall verringern sich durch die Emission eines Alpha-Teilchens, bestehend aus zwei Protonen und zwei Neutronen, die Ordnungszahl des Atomkerns um 2 und die Massenzahl um 4. Beim Beta-Zerfall wird aus dem Atomkern ein Elektron oder Positron emittiert; ein im Atomkern vorhandenes Neutron wandelt sich in ein Proton um oder umgekehrt. Hierdurch ändert sich die Ordnungszahl um 1, die Massenzahl bleibt gleich. Ein Gammazerfall tritt meist als unmittelbare Folge eines Alpha- bzw. Beta-Zerfalls auf (Ausnahme sind die Zerfälle der Kernisomeren). Massen- und Ordnungszahl bleiben dabei gleich, jedoch ändert sich der Anregungszustand des Kerns.

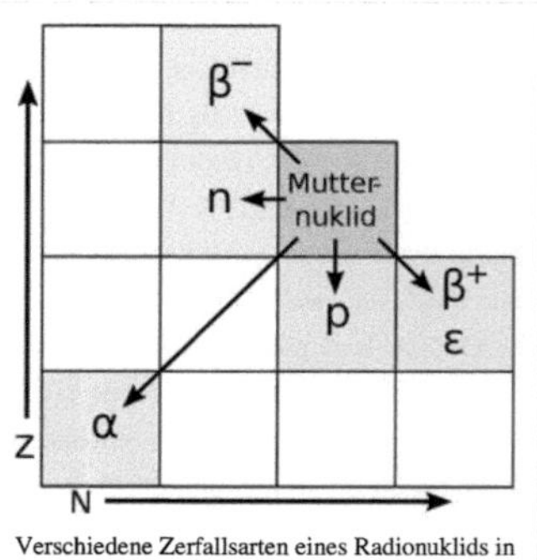


Verschiedene Zerfallsarten eines Radionuklids in der Darstellung der Nuklidkarte. Senkrecht: Ordnungszahl (Protonenzahl) *Z*, waagerecht: Neutronenzahl *N*

Bei manchen Nukliden kann der Zerfall auf zwei oder mehr verschiedene Arten erfolgen (siehe Zerfallskanal).

Eine Nuklidkarte zeigt als graphische Übersicht alle stabilen und nicht stabilen Nuklide einschließlich ihrer möglichen Zerfallsarten und zugehörigen Halbwertszeiten.

Ein Atomkern ist dann stabil und kann nicht weiter ohne Fremdeinwirkung zerfallen, wenn es keine Zerfallsart gibt, die zu einem energetisch niedrigeren Zustand führen würde. Beim Element Wasserstoff sind ein einzelnes Proton sowie das Deuteron stabile Kerne. Beim Helium enthält das stabile Isotop Helium-3 zwei Protonen und ein Neutron, das stabile Helium-4 zwei Protonen und zwei Neutronen. Beim Lithium und allen schwereren Elementen müssen mindestens gleich viele Neutronen wie Protonen den Kern bilden, damit der Kern stabil ist, und bei schwereren Kernen überwiegen immer mehr die Neutronen. Ab einer gewissen Massenzahl gibt es nur noch instabile Atomkerne. Durch Einwirkung von Teilchenstrahlung, insbesondere Neutronenstrahlung (siehe *Neutronenaktivierung*), können stabile in instabile Atomkerne umgewandelt werden.

Die Zerfallsarten Alpha-, Beta- und Gammazerfall wurden als erste entdeckt und sind die bei weitem am häufigsten auftretenden Umwandlungsarten. Später fand man noch weitere Zerfallsarten, die nicht mehr zu diesen drei klassischen Arten gezählt werden konnten.

Die Vielzahl existierender Zerfälle lässt sich in drei Kategorien einteilen:

Zerfälle unter Aussendung von Nukleonen

> viele radioaktive Kerne wandeln sich unter Aussendung von Nukleonen, also von Protonen, Neutronen oder sogar leichten Kernen, um. Prominentestes Beispiel ist der *Alpha-Zerfall*. Hierbei spaltet der Mutterkern einen Heliumkern ab. Seltener tritt die Aussendung einzelner Neutronen oder Protonen oder ganzer Kohlenstoffkerne auf. Alle Zerfälle mit Aussendung von Nukleonen werden durch die starke Wechselwirkung zusammen mit der elektromagnetischen Wechselwirkung vermittelt.

Beta-Zerfälle

> wenn bei einem Zerfall Elektronen (oder deren Antiteilchen) beteiligt sind, spricht man von einem Beta-Zerfall. Es gibt eine ganze Reihe solcher Prozesse. Nicht immer muss auch ein Elektron als Produkt entstehen, wie beispielsweise beim *Elektroneneinfang*. Alle Betazerfälle sind Prozesse der schwachen Wechselwirkung.

Übergang zwischen Zuständen ein- und desselben Kerns

in diesem Fall werden keinerlei Materieteilchen abgestrahlt. Entsprechend wandelt sich auch der Kern nicht in einen anderen um; er gibt lediglich überschüssige Energie ab. Diese kann als *Gammastrahlung* frei werden oder an ein Elektron der Atomhülle abgegeben werden (*innere Konversion*). Es handelt sich um Vorgänge der elektromagnetischen Wechselwirkung.

## Übersicht

| Zerfallsmodus | teilnehmende Teilchen | Tochterkern |
|---|---|---|
| **Zerfälle unter Aussendung von Nukleonen** | | |
| Alphazerfall | Ein Alphateilchen ($A$=4, $Z$=2) wird ausgesandt. | ($A$−4, $Z$−2) |
| Protonenemission | Ein Proton wird ausgesandt. | ($A$−1, $Z$−1) |
| Neutronenemission | Ein Neutron wird ausgesandt. | ($A$−1, $Z$) |
| Doppelte Protonenemission | Zwei Protonen werden gleichzeitig ausgesandt. | ($A$−2, $Z$−2) |
| Spontane Spaltung | Der Kern zerfällt in zwei oder mehr kleinere Kerne und meist 2 oder 3 Neutronen. | – |
| Clusterzerfall | Der Kern sendet einen kleineren Kern (typ. 6% bis 20% der ursprünglichen Größe) mit $A_c$, $Z_c$ aus.<br>Bei $A_c$=4, $Z_c$=2 handelt es sich um einen Alphazerfall. | ($A$−$A_c$, $Z$−$Z_c$) + ($A_c$,$Z_c$) |
| **Verschiedene Betazerfälle** | | |
| Beta-Minus-Zerfall | Ein Kern sendet ein Elektron und ein Antineutrino aus. | ($A$, $Z$+1) |
| Beta-Plus-Zerfall | Positronenemission; Ein Kern sendet ein Positron und ein Neutrino aus. | ($A$, $Z$−1) |
| Elektroneneinfang | Ein Kern absorbiert ein Elektron aus der Atomhülle und emittiert ein Neutrino. Der Tochterkern verbleibt in einem angeregten, instabilen Zustand. | ($A$, $Z$−1) |
| Doppelter Betazerfall | Ein Kern sendet zwei Elektronen und zwei Antineutrinos aus. | ($A$, $Z$+2) |
| Doppelter Elektroneneinfang | Ein Kern absorbiert zwei Elektronen aus der Atomhülle und emittiert zwei Neutrinos. Der Tochterkern verbleibt in einem angeregten, instabilen Zustand. | ($A$, $Z$−2) |
| Elektroneneinfang mit Positronenemission | Ein Kern absorbiert ein Elektron aus der Atomhülle und emittiert ein Positron und zwei Neutrinos. | ($A$, $Z$−2) |
| Doppelte Positronenemission | Doppelte Positronenemission; Ein Kern sendet zwei Positronen und zwei Neutrinos aus. | ($A$, $Z$−2) |
| **Übergänge zwischen Zuständen desselben Kerns** | | |
| Gammazerfall | Ein angeregter Kern emittiert ein hochenergetisches Photon (Gammaquant). | ($A$, $Z$) |
| Innere Konversion | Ein angeregter Kern überträgt Energie auf ein Hüllenelektron, welches das Atom verlässt. | ($A$, $Z$) |

## Alphazerfall

Der Alphazerfall tritt hauptsächlich bei schwereren und relativ neutronenarmen Nukliden auf. Dabei verlässt ein Helium-4-Kern, in diesem Fall Alphateilchen genannt, mit einer Geschwindigkeit von einigen Prozent der Lichtgeschwindigkeit den Mutterkern. Dies ist trotz der hohen Potentialbarriere aufgrund des Tunneleffekts möglich. Der Restkern, auch Rückstoßkern oder Tochterkern genannt, hat nach dem Vorgang eine um vier verringerte Nukleonenzahl und eine um zwei verringerte Kernladungszahl.

Die allgemeine Formel des Alphazerfalls lautet

Der Mutterkern X mit Nukleonenzahl A und Protonenzahl Z zerfällt unter Aussendung eines Alphateilchens in den Tochterkern Y mit einer um 4 verminderten Nukleonenzahl und um 2 verminderten Protonenzahl.

Ein Beispiel für den Alphazerfall ist der Zerfall von Uran-238 in Thorium-234:

## Beta-Zerfall

Wenn ein ungünstiges Verhältnis von Neutronen zu Protonen besteht, tritt normalerweise Betazerfall ein.

### $\beta^-$-Zerfall

Beim $\beta^-$-Zerfall (Beta-Minus-Zerfall) wird im Kern ein Neutron in ein Proton umgewandelt und ein hochenergetisches Elektron sowie ein Elektron-Antineutrino emittiert. Die Nukleonenzahl des Kerns ändert sich dabei nicht, seine Ordnungszahl erhöht sich um eins.

Die allgemeine Reaktionsgleichung des Beta-Minus-Zerfalls lautet

Der Mutterkern X mit Nukleonenzahl A und Protonenzahl Z zerfällt unter Aussendung eines Elektrons und eines Anti-Elektronneutrinos in den Tochterkern Y mit gleicher Nukleonenzahl und um 1 erhöhten Protonenzahl.

Ein Beispiel für den $\beta^-$-Zerfall ist der Zerfall von Kohlenstoff-14 in das stabile Isotop Stickstoff-14:

Durch einige Meter Luft oder z. B. eine Plexiglasschicht lässt sich die Beta-Strahlung vollständig abschirmen. Die Reichweite der Strahlung hängt dabei von ihrer Energie und dem zur Abschirmung verwendeten Material ab.

Die Neutrinostrahlung ist sehr schwer nachzuweisen (und völlig unschädlich), da Neutrinos nur der schwachen Wechselwirkung unterliegen. Ein Strom von Neutrinos durchquert z. B. die gesamte Erde fast ungeschwächt.

### $\beta^+$-Zerfall

Beim $\beta^+$-Zerfall wird im Kern ein Proton in ein Neutron und ein hochenergetisches Positron umgewandelt und ein Elektron-Neutrino emittiert. Die Nukleonenzahl des Kerns ändert sich dabei nicht, seine Ordnungszahl verringert sich um eins.

Die allgemeine Reaktionsgleichung des Beta-Plus-Zerfalls lautet

Der Mutterkern X mit Nukleonenzahl A und Protonenzahl Z zerfällt unter Aussendung eines Positrons und eines Elektronneutrinos in den Tochterkern Y mit gleicher Nukleonenzahl und um 1 verminderter Protonenzahl.

Ein Beispiel für den $\beta^+$-Zerfall ist der Zerfall von Stickstoff-13 in Kohlenstoff-13:

### Elektroneneinfang

Eine andere Möglichkeit zur Umwandlung eines Protons in ein Neutron besteht darin, ein Elektron aus der Atomhülle in den Kern zu „ziehen", dem so genannten Elektroneneinfang (engl. *electron capture*, kurz EC), auch ε-Zerfall genannt. Nach der Bezeichnung der typisch betroffenen Elektronenschale, der K-Schale, wird der Elektroneneinfang auch als *K-Einfang* bezeichnet. Das Proton des Kerns wird in ein Neutron umgewandelt, und ein Elektronneutrino emittiert.

Bei diesem Umwandlungsmechanismus ist der Kern denselben Änderungen unterworfen wie beim -Zerfall, die Nukleonenzahl bleibt unverändert, die Ordnungszahl verringert sich um eins. Der Elektroneneinfang konkurriert daher mit dem -Zerfall und wird auch als eine Variante des Betazerfalls angesehen. Da der -Zerfall die Energie für das emittierte Positron aufbringen muss, kommt energetisch nicht für jedes Nuklid, das mit Elektroneneinfang zerfällt, der -Zerfall in Frage. Da das eingefangene Elektron meist aus der innersten Elektronenschale stammt, wird in dieser ein Platz frei und Elektronen aus den äußeren Schalen rücken nach, wobei charakteristische Röntgenstrahlung emittiert wird.

Allgemein lautet die Formel für den Elektroneneinfang

Der Mutterkern X fängt ein Elektron aus der Atomhülle ein und wandelt sich unter Emission eines Elektronneutrinos in den Tochterkern mit gleicher Nukleonenzahl und um 1 verminderter Protonenzahl um.

Ein Beispiel ist der Zerfall von Nickel-59 zu Kobalt-59:

*Doppelter Elektroneneinfang:* Bei einigen Kernen ist ein einfacher Elektroneneinfang energetisch nicht möglich, sie können sich aber durch gleichzeitigen Einfang zweier Elektronen umwandeln. Die Halbwertszeiten derartiger Umwandlungen sind typischerweise sehr lang und konnten erst in jüngster Zeit nachgewiesen werden.

Ein Beispiel ist der Zerfall von Xenon-124 zu Tellur-124:

**Doppelter Betazerfall**

Bei einigen Kernen ist ein einfacher Betazerfall energetisch nicht möglich, sie können aber unter Abstrahlung zweier Elektronen zerfallen. Derartige Zerfälle haben typischerweise sehr lange Halbwertszeiten und sind erst in jüngster Zeit nachgewiesen worden.

Beispiel:

Bisher ist die Frage, ob beim doppelten Betazerfall stets zwei Neutrinos emittiert werden oder ob auch ein neutrinoloser doppelter Betazerfall vorkommt, nicht beantwortet. Könnte der neutrinolose Fall nachgewiesen werden, so hätten sich die Neutrinos gegenseitig annihiliert, was bedeuten würde, dass Neutrinos ihre eigenen Antiteilchen sind. Damit wären sie sogenannte Majorana-Teilchen.

## Gammazerfall

Ein *γ-Zerfall* (γ ist der kleine griechische Buchstabe gamma) ist möglich, wenn der Atomkern nach einem Zerfall in einem energetisch angeregten Zustand vorliegt. Beim Übergang in einen energetisch niedrigeren Zustand gibt der Atomkern durch Emission hochfrequenter elektromagnetischer Strahlung, sogenannter γ-Strahlung, Energie ab.

Die Emission von Gammastrahlung verändert nicht die Neutronen- und Protonenzahl des emittierenden Kerns, es erfolgt lediglich ein Übergang zwischen zwei angeregten Kernzuständen oder einem angeregten Kernzustand und dem Grundzustand. Dies geschieht meist unmittelbar nach einem Beta- oder Alphazerfall. Die Bezeichnung Gamma„zerfall“ ist insofern etwas irreführend, aber trotzdem übliche Nomenklatur.

Die allgemeine Gleichung für den Gammazerfall ist

Der angeregte Kern X regt sich unter Aussendung eines Gammaquants ab. Mutter- und Tochterkern stimmen dabei überein

Ein bekanntes Beispiel ist die Aussendung von Gammastrahlung durch einen Nickel-60-Kern, der (meist) durch Betazerfall eines Cobalt-60-Kerns entstanden ist:

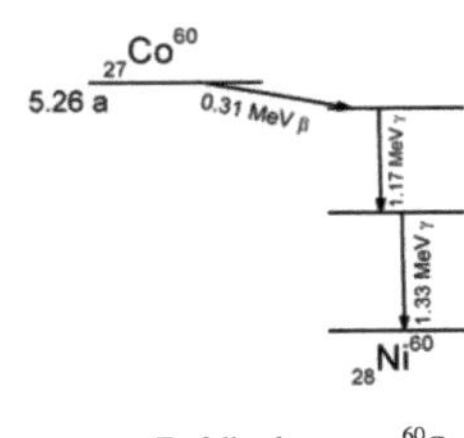

Zerfallsschema von $^{60}$Co

Das Zerfallsschema dieses Prozesses ist in der Grafik am rechten Rand dargestellt. $^{60}$Co, ein Isotop mit vielen praktischen Anwendungen, ist ein Betastrahler mit einer Halbwertszeit von 5,26 Jahren. Es zerfällt zu einem angeregten Zustand von Nickel-60, der praktisch sofort (< 1 ps) durch Emission von zwei Gammaquanten zum Grundzustand zerfällt.

Bei den praktischen Anwendungen von Co-60 und vielen anderen Radionukliden geht es sehr oft nur um diese Gammastrahlung; die Alpha- oder Betastrahlung wird in diesen Fällen durch das Gehäuse des radioaktiven Präparates abgeschirmt und nur die Gammastrahlung dringt nach außen.

Obwohl die Gammastrahlung aus dem Tochternuklid des Alpha- oder Betazerfalls kommt, ordnet man sie sprachlich immer dem Mutternuklid zu, spricht also vom „Gammastrahler Cobalt-60“ usw., denn die einzige praktisch brauchbare Quelle dieser Gammastrahlung ist ein Co-60-Präparat.

Es kann allerdings sein, dass der angeregte Zustand ein Isomer ist, d. h., dass er eine ausreichend lange Halbwertszeit hat, die eine praktische Nutzung dieser Gammastrahlungsquelle getrennt von ihrer Erzeugung ermöglicht, wie im Falle von Technetium-99:

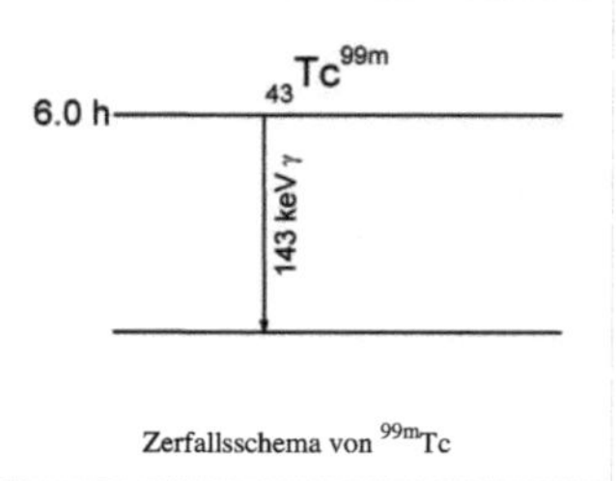


Zerfallsschema von $^{99m}$Tc

Dieses Technetium-Isotop mit einer Halbwertszeit von sechs Stunden wird in der medizinischen Diagnostik verwendet.

Zur Abschirmung von γ-Strahlung sind unter Umständen meterdicke Beton- oder Bleiplatten nötig, denn sie hat in Materie keine bestimmte Reichweite, sondern wird nur exponentiell abgeschwächt. Es gibt daher für jedes Abschirmmaterial eine von der Gammaenergie abhängige Halbwertsdicke. -Strahlung ist wie Licht elektromagnetische Strahlung, ihr Quant ist aber sehr viel energiereicher und liegt damit weit außerhalb des für das menschliche Auge sichtbaren Spektrums.

### Innere Konversion

Die freiwerdende Energie beim Übergang eines Atomkerns in einen energetisch niedrigeren Zustand kann auch an ein Elektron der Atomhülle abgegeben werden. Diesen Vorgang nennt man Innere Konversion. Konversionselektronen sind im Gegensatz zu -Teilchen monoenergetisch.

Der angeregte Kern X regt sich ab. Die dabei freiwerdende Energie geht auf ein Elektron der Atomhülle über.

Radioaktive Zerfälle sind Prozesse, die nur im Atomkern stattfinden. Im Falle der inneren Konversion überträgt sich die bei der Umwandlung freiwerdende Energie auf ein Elektron in der Atomhülle. Nach dem Zerfall fehlt also eine negative Ladung und es bleibt ein positives Ion zurück.

## Weitere Zerfallsarten

### Spontane Spaltung

Die spontane Spaltung ist ein weiterer radioaktiver Umwandlungsprozess, der bei besonders schweren Kernen auftritt. Der Atomkern zerfällt in zwei oder mehr Bruchstücke. In der Regel entstehen zwei mittelschwere Tochterkerne, und zwei oder drei Neutronen werden frei. Es ist eine Vielzahl verschiedener Tochterkernpaare möglich, jedoch sind die Summe der Kernladungszahlen und die Summe der Massenzahlen stets gleich denen des Ursprungskerns. Beispiele:

Auch die natürlich vorkommenden Uranisotope zerfallen zu einem kleinen Teil durch spontane Spaltung.

**Spontane Nukleonenemission**

Bei Kernen mit besonders hoher oder besonders geringer Neutronenzahl kann es zu *spontaner Nukleonenemission*, also Protonen- oder Neutronenemission kommen. Atomkerne mit sehr hohem Protonenüberschuss können ein Proton abgeben, Atomkerne mit hohem Neutronenüberschuss können Neutronen abgeben.

Helium-5 sendet zum Beispiel spontan ein Neutron aus:

$^{5}He \rightarrow {}^{4}He + {}^{1}n$

Bor-9 spaltet dagegen ein Proton ab, um den Überschuss auszugleichen: $^{9}B \rightarrow {}^{8}Be + {}^{1}p$

**Clusterzerfall**

Statt einzelner Nukleonen oder Helium-4-Kerne werden in sehr seltenen Fällen auch größere Atomkerne emittiert. Beispiele:

**Zwei-Protonen-Zerfall**

Bei extremem Protonenüberschuss (wie zum Beispiel bei Eisen-45) kann der Zwei-Protonen-Zerfall auftreten, bei dem sogar zwei Protonen gleichzeitig abgestrahlt werden.

# Zerfallsreihen

Das Produkt eines Zerfalls kann stabil oder seinerseits radioaktiv sein. Im letztgenannten Fall wird eine Abfolge von radioaktiven Zerfällen stattfinden, bis schließlich nur noch ein stabiles Nuklid als Endprodukt vorliegt. Diese Aufeinanderfolge radioaktiver Zerfälle heißt *Zerfallsreihe* oder *Zerfallskette*.

Beispielsweise zerfällt das Isotop Uran-238 unter Aussendung eines Alpha-Teilchens in Thorium-234, dieses wandelt sich dann durch einen Betazerfall in Protactinium-234 um, welches wieder instabil ist und so fort. Nach insgesamt 14 bzw. 15 Zerfällen endet diese Zerfallsreihe beim stabilen Kern Blei-206. Da manche Kerne auf verschiedene Weisen zerfallen können (siehe Zerfallskanal), können von einem Mutterkern mehrere Zweige der gleichen Zerfallsreihe ausgehen. So geht zum Beispiel Bismut-212 zu etwa 64 % durch einen Betazerfall in Polonium-212, und zu etwa 36 % durch einen Alphazerfall in Thallium-208 über.

Eine ursprünglich reine Probe eines Radionuklids kann auf diese Weise mit der Zeit in ein Gemisch verschiedener Radionuklide übergehen. Dabei sammeln sich langlebige Nuklide stärker an als kurzlebige.

# Entstehung und Vorkommen von Radioaktivität

Die Unterscheidung zwischen natürlicher und künstlicher Radioaktivität ist physikalisch gesehen willkürlich. Es gibt allerdings erhebliche Unterschiede in der Isotopenzusammensetzung und in den Halbwertszeiten der künstlich erzeugten bzw. der in natürlichen Lagerstätten vorkommenden Isotope.

## Natürliche Radioaktivität

Nach heutigem Wissensstand sind bei der Entstehung des Universums zunächst nur die leichtesten Nuklide entstanden, vorwiegend Wasserstoff- und Heliumkerne, in vergleichsweise geringem Maßstab auch Lithium und Beryllium. Alle schwereren Nuklide entstammen komplexen Überlagerungen von Fusionsprozessen, wie sie in den Sternen ablaufen (Nukleosynthese). Solche Nuklide, die bereits in dem Material, aus dem die Erde entstand, vorhanden waren und durch ihre große Halbwertszeit heute noch vorliegen, bezeichnet man als *primordiale* Nuklide. Zu ihnen gehören z. B. das auch im menschlichen Körper stets enthaltene Kalium-40 und das als Kernbrennstoff wichtige Uran. Andere Radionuklide entstehen indirekt als ständig nachproduzierte Zerfallsprodukte der radioaktiven Zerfallsreihen, beispielsweise das überall aus dem Erdboden austretende Gas Radon. Diese Nuklide bezeichnet man als *radiogen*. Weitere, sogenannte *kosmogene* Radionuklide werden laufend in der Atmosphäre durch Kernreaktionen mit der kosmischen Strahlung erzeugt. Zu ihnen gehört z. B. Kohlenstoff-14, der durch den Stoffwechsel ebenso wie Kalium in alle Organismen gelangt.

Die Strahlung der überall vorhandenen natürlichen Radionuklide wird als Terrestrische Strahlung bezeichnet.

### Künstliche Radioaktivität

Radionuklide entstehen unvermeidlich bei der Kernspaltung, etwa bei der Energiegewinnung in Kernreaktoren. Die unerwünschten Isotope werden umgangssprachlich als Radioaktiver Abfall bezeichnet. Neben Spaltprodukten handelt es sich hierbei auch um Produkte des Neutroneneinfangs. Spaltprodukte entstehen auch bei Kernwaffen-Explosionen und wurden bei Waffentests in die Atmosphäre freigesetzt.

Absichtlich, zu medizinischen, technischen oder Forschungszwecken, werden Radionuklide durch Neutroneneinfang an Forschungsreaktoren hergestellt. Auch manche in Kernreaktoren erzeugte Spaltprodukte werden in dieser Weise nutzbar gemacht. Allerdings sind die Produktnuklide aus Kernspaltung und Neutroneneinfang stets neutronenreich und deshalb meist Beta-minus-Strahler. Beta-plus-strahlende Nuklide, die beispielsweise für die Positronenemissionstomographie gebraucht werden, müssen mittels Teilchenbeschleunigern (meist Zyklotronen) produziert werden.

## Größen und Maßeinheiten

### Aktivität

Als Aktivität bezeichnet man die Anzahl der Zerfallsereignisse pro Zeiteinheit, die in einer Probe eines radioaktiven oder radioaktiv kontaminierten Stoffes auftritt. Angegeben wird die Aktivität üblicherweise in der SI-Einheit Becquerel (Bq), ein Becquerel entspricht einem Zerfall pro Sekunde.

### Strahlendosis

Zu den Größen und Maßeinheiten, die sich auf die Wirkung ionisierender Strahlung (aus radioaktiven oder anderen Quellen) beziehen, gehören:

- Energiedosis mit der Maßeinheit Gray
- Ionendosis mit der Maßeinheit Coulomb/Kilogramm (C/kg)
- Äquivalentdosis mit der Maßeinheit Sievert

## Messgeräte für Radioaktivität

In der Kernphysik gibt es für den Nachweis und die Messung der verschiedensten Teilchenstrahlen eine Vielzahl von Detektoren, die jeweils für die Untersuchung bestimmter Strahlenarten geeignet sind. Ein bekanntes Beispiel ist der Geigerzähler. Ionisationskammern und Nebelkammern sind zum Nachweis von Alpha-, Beta- und Gammastrahlung verwendbar, Szintillationszähler (gekoppelt mit Photomultipliern) und Halbleiterdetektoren dienen der Detektion von Beta- und Gammastrahlen. Für den Strahlenschutz werden zur Messung der Strahlenbelastung verschiedene Dosimeter verwendet.

Die allererste Messung, die eine quantitative Aussage über die Strahlung ergab, wurde von Pierre Curie und Marie Curie mit Hilfe eines Elektroskops durchgeführt. Allerdings maß dieses nicht direkt die Strahlung, sondern die Abnahme einer elektrischen Ladung aufgrund der durch die Ionisation hervorgerufenen Leitfähigkeit der Luft.

# Anwendungen

## Technische Anwendung

Radionuklidbatterien werden in der Raumfahrt zur Stromversorgung und Radionuklid-Heizelemente zur Heizung verwendet. Jenseits der Jupiter-Umlaufbahn reicht die Strahlung der weit entfernten Sonne nicht mehr aus[2] , um mit Solarzellen in praktikabler Größe den Energiebedarf der Sonden zu decken. Ebenfalls können starke Strahlungsgürtel wie sie z.B. Jupiter umgeben den Einsatz von Solarzellen unmöglich machen. In der UdSSR wurden sehr leistungsstarke Radionuklidbatterien mit $^{90}$Strontium-Füllung verwendet, um Leuchttürme und Funkfeuer am Polarkreis zu betreiben.

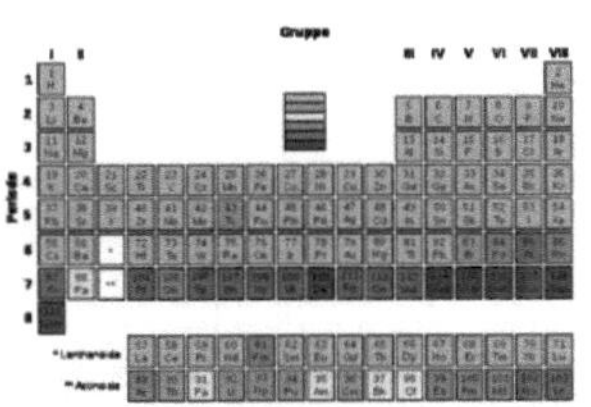

Periodensystem der Elemente gefärbt nach der Halbwertszeit ihres stabilsten Isotops.

Wichtige Anwendungen, welche die Radioaktivität von Stoffen ausnutzen, sind die Altersbestimmung von Objekten und die Materialprüfung.

In der Archäologie, Kunstwissenschaft, Geologie und Paläoklimatologie werden Messungen der Konzentration radioaktiver Isotope zur Altersbestimmung verwendet, z. B. die Radiokohlenstoffdatierung (Radiokarbonmethode).

Eine technische Anwendung ist die Dickenmessung und Materialprüfung mittels Durchstrahlung. Hierbei wird ein Material mit Gamma-Strahlen bestrahlt und ein Zähler ermittelt aufgrund der durchdringenden Strahlen und des Absorptionsgesetzes die mittlere Dichte bei bekannter Schichtdicke oder umgekehrt die Schichtdicke bei bekannter Dichte. Die Strahlung kann auch auf einem Röntgenfilm hinter der Materialschicht ein Bild erzeugen. In dieser Form wird die Durchstrahlungsprüfung bei Werkstoffen angewandt.

Auch radiometrische Füllstandmessungen in Großbehältern mit Schüttgut oder Granulaten werden mit Gamma-Durchstrahlung von einer zur anderen Behälterwand ausgeführt.

Weitere Anwendungen sind die Elementanalyse (siehe Gammaspektroskopie) und Präzisionsmessungen in der chemischen Analytik (siehe Mößbauer-Effekt). Des Weiteren wurden vereinzelt Blitzableiter mit Spitzen aus radioaktivem Material installiert, obgleich deren Wirksamkeit nie bewiesen werden konnte.

## Medizinische Anwendung

Die Anwendung offener radioaktiver Stoffe am Menschen ist Gegenstand der Nuklearmedizin.

In der nuklearmedizinischen Diagnostik wird meist die Szintigrafie angewendet. Dabei werden geringe Mengen einer $\gamma$-strahlenden Substanz (Tracer) am Patienten angewendet („appliziert"), zum Beispiel in eine Vene gespritzt oder eingeatmet. Die vom Tracer ausgehende Strahlung wird außerhalb des Körpers von einer auf Szintillationsdetektoren beruhenden Gammakamera registriert und ergibt eine zweidimensionale bildliche Darstellung. Moderne Weiterentwicklungen der Methode erlauben mittels Computertomographie dreidimensionale Darstellungen (Single Photon Emission Computed Tomography, SPECT); ein weiteres bildgebendes Verfahren in der Nuklearmedizin, das auch dreidimensionale Bilder liefert, ist die Positronen-Emissions-Tomografie (PET). Mit radioaktiven Stoffen können auch bestimmte Laboruntersuchungen durchgeführt werden, zum Beispiel der Radioimmunassay.

In der nuklearmedizinischen Therapie werden reine oder überwiegende $\beta$-Strahler verwendet. Die häufigsten Anwendungsgebiete sind die Radioiodtherapie bei gutartigen und bösartigen Erkrankungen der Schilddrüse, die Radiosynoviorthese bei bestimmten Gelenkerkrankungen und die Radionuklidbehandlung zur Schmerzlinderung bei Knochenmetastasen.

## Gefährlichkeit

Hinsichtlich der Gefährlichkeit von Radioaktivität müssen verschiedene Risiken unterschieden werden:

- Strahlenbelastung als Fernwirkung (*siehe auch* Dosiskonversionsfaktor)
- Kontamination (Verunreinigung) mit radioaktivem Material, die unter Umständen zu lange andauernder Bestrahlung führen kann, z. B. bei Kontamination der Haut
- Inkorporation (Aufnahme) radioaktiver Substanz in den Körper durch Einatmen (*Inhalation*) oder Essen/Trinken (*Ingestion*).

Diese Begriffe werden in Berichterstattung und Öffentlichkeit oft verwechselt. Entsprechend wird beispielsweise der Begriff „verstrahlt" falsch anstatt *kontaminiert* benutzt; *Verstrahlung* bedeutet – analog der *Verbrennung* – eine durch Bestrahlung hervorgerufene erhebliche Schädigung oder Verletzung.

Für die zum Teil gefährliche biologische Wirkung ist nicht die Radioaktivität an sich, sondern die davon ausgehende ionisierende Strahlung verantwortlich.

## Warnsymbole

Weil das bisher verwendete Warnzeichen (, *Trefoil* genannt, im Unicode an Code-Position U+2622) oft nicht als Warnung vor starken radioaktiven Strahlern erkannt wurde, kam es vor allem in Entwicklungsländern schon zu tödlichen Unfällen, weil Menschen ein stark strahlendes Nuklid aus seiner Abschirmung entnahmen (zum Beispiel der Goiânia-Unfall in Brasilien im Jahr 1987). Am 15. Februar 2007 gab deshalb die IAEO bekannt, dass direkt an Strahlern der Strahlungskategorie 1, 2 und 3 [3] ein neues, auffälligeres Warnschild angebracht werden soll. Dieses warnt mit Hilfe von aussagekräftigeren Symbolen vor der tödlichen Gefahr durch radioaktive Strahlung und fordert zur Flucht auf. Am Behälter selbst soll weiterhin nur das alte Symbol angebracht werden, da er die Strahlung soweit abschirmt, dass sie keine unmittelbare Gefahr darstellt. Durch die Normung als *ISO-Norm 21482* soll das neue Warnschild für gefährliche Strahlenquellen möglichst schnell und international verbindlich eingeführt werden. In Deutschland ist das Warnschild weder in eine nationale Norm übernommen noch in die Unfallverhütungsvorschriften eingefügt. Es ist auch nicht im Entwurf der Neufassung der DIN 4844-2, die Warnschilder regelt, enthalten. In Österreich ist es in der OENORM ISO 21482 genormt.

#FN (1) back(1) Neues Warnzeichen direkt an gefährlichen radioaktiven Strahlern

Bei schwachen Strahlenquellen soll keine Änderung der Kennzeichnung erfolgen.[4] Die Entwicklung von Symbolen zur Warnung der Nachwelt vor radioaktiven Gefahren ist Gegenstand der Atomsemiotik.

## Siehe auch

- Strahlenrisiko, Strahlenkrankheit
- Nulleffekt
- Radioaktiver Rückstoß

## Literatur


- Werner Stolz: *Radioaktivität. Grundlagen, Messung, Anwendungen.* 5. Auflage. Teubner, Wiesbaden 2005, ISBN 3-519-53022-8.
- Bogdan Povh, K. Rith, C. Scholz, Zetsche: *Teilchen und Kerne. Eine Einführung in die physikalischen Konzepte.* 7. Auflage. Springer, Berlin/Heidelberg 2006, ISBN 978-3540366850.

- Klaus Bethge, Gertrud Walter, Bernhard Wiedemann: *Kernphysik.* 2. Auflage. Springer, Berlin/Heidelberg 2001, ISBN 3-540-41444-4.
- Hanno Krieger: *Grundlagen der Strahlungsphysik und des Strahlenschutzes.* 2. Auflage. Teubner, Wiesbaden 2007, ISBN 978-3835101999
- *IAEA Safety Glossary. Terminology Used in Nuclear Safety and Radiation Protection.* IAEA Publications, Wien 2007, ISBN 92-0-100707-8.
- Michael G. Stabin: *Radiation Protection and Dosimetry. An Introduction to Health Physics.* Springer, 2007, ISBN 978-0387499826.
- Glenn Knoll: *Radiation Detection and Measurement.* 3. Auflage. Wiley & Sons, New York 2007, ISBN 978-0471073383.


## Weblinks

- *Was ist Radioaktivität?* [5] aus der Fernseh-Sendereihe *alpha-Centauri.* Erstmalig ausgestrahlt am 24. Nov. 2002.
- Audiofeature über die Radioaktivität auf Bayern2Radio – radioWissen [6]
- Das „Glossar Strahlenschutz“ [7] des Forschungszentrums Jülich erläutert viele Begriffe rund um die Radioaktivität (Einheiten, Dosimeter, Dosisbegriffe, Alpha-, Beta-, Gammastrahlung, Strahlenschutz etc.)
- Mineralienatlas Radioaktivität [8]
- CIPR – Commission internationale de protection radiologique [9]
- IRSN – Institut de radioprotection et de sûreté nucléaire [10]
- SFRP – Société française de radioprotection [11]
- Remote Lab zur Radioaktivität [12] (siehe dort unter „Labs“)
- Radiation Warning Symbol (Trefoil) [13]
- Radioaktivitätsmessnetz [14] des Bundesamts für Strahlenschutz

## Einzelnachweise


[1] Interaktive Nuklidkarte (http://www.nndc.bnl.gov/chart/chartNuc.jsp)

[2] Bernd Leitenberger: *Die Radioisotopenelemente an Bord von Raumsonden.* (http://www.bernd-leitenberger.de/cassini-rtg.shtml) Abgerufen am 24. März 2011.

[3] New Symbol Launched to Warn Public About Radiation Dangers (http://www.iaea.org/NewsCenter/News/2007/radiationsymbol.html)

[4] Flash Video der IAEO (http://www.iaea.org/NewsCenter/Multimedia/Videos/NewRadiationSymbol/)

[5] http://www.br.de/fernsehen/br-alpha/sendungen/alpha-centauri/alpha-centauri-radioaktivitaet-2002_x100.html

[6] http://podster.de/episode/440088/download/2007_10_25_10_09_11_podcast_radiowissen_261007_01_a.mp3

[7] http://www.fz-juelich.de/gs/genehmigungen/glossar-strlsch/

[8] http://www.mineralienatlas.de/lexikon/index.php/Radioaktivit%E4t

[9] http://www.icrp.org/

[10] http://www.irsn.org/

[11] http://www.sfrp.asso.fr/

[12] http://rcl.physik.uni-kl.de/

[13] http://www.orau.org/ptp/articlesstories/radwarnsymbstory.htm

[14] http://odlinfo.bfs.de/

# Article Sources and Contributors

**Berkelium(III)-iodid** *Source*: http://de.wikipedia.org/w/index.php?title=Berkelium%28III%29-iodid *Contributors*: JWBE

**Iodide** *Source*: http://de.wikipedia.org/w/index.php?title=Iodide *Contributors*: BerndGehrmann, Brackenheim, Eschenmoser, Filosof, Hoffmeier, Jü, Kku, Kusurija, Martin-vogel, Matthias M., Nora Lieberstein, Numbo3, Rjh, Roland.chem, See335, Thiesi, Uwe Gille, Wächter, YourEyesOnly, 9 anonymous edits

**Actinoide** *Source*: http://de.wikipedia.org/w/index.php?title=Actinoide *Contributors*: Aka, Ben-Zin, Bücherwürmlein, Chpfeiffer, Christoph Buhlheller, Cleante, Conversion script, Cäsium137, Debedie, Die.keimzelle, Dominik, Dufo, Engie, Farino, Felix Stember, HarDNox, Hardy42, Impulseigenzustand, InternalMedicine, Iwoelbern, JWBE, Jka, Kam Solusar, Karl-Henner, LKD, Mapmaster, Martin-vogel, Musik-chris, Newman, Nick B., Nicor, Orci, Pietz, Plattmaster, Ra'ike, Reinhard Kraasch, Revolus, SCINC, Sbaitz, Solid State, Srbauer, Thomas, Toffel, Urbanus, Uwe W., Vulture, WOBE3333, Wolfgang1018, 15 anonymous edits

**Berkelium** *Source*: http://de.wikipedia.org/w/index.php?title=Berkelium *Contributors*: AHOR, Adrian Bunk, Aka, Andante, Andrsvoss, Antonsusi, Augiasstallputzer, Ayacop, Ben-Zin, Blaufisch, CommonsDelinker, Conversion script, Dr.cueppers, Dschanz, Fedi, Gardini, Hardy42, HarryB, Head, Iridos, JWBE, JustinSane, Kam Solusar, Karl-Henner, Knoerz, Koyaanis Qatsi, Leider, Leyo, MAK, Mabschaaf, Margaux, Martin-vogel, Midon, Muck, Oceancetaceen, Orci, Ozuma, Paddy, Pit, Ppeedddeerr, Roberta F., Robodoc, Romanm, Rosineck, Rrausch1974, Saehrimnir, Saperaud, Sbaitz, Schusch, Thiesi, Ulm, Uwe W., Vorrauslöscher, Vulture, Vux, Zacke, 20 anonymous edits

**Summenformel** *Source*: http://de.wikipedia.org/w/index.php?title=Summenformel *Contributors*: Androl, Anhi, Apophis27, Bammsi, Ben-Zin, Boonekamp, Chemiewikibm, Christian1985, Complex, Conversion script, Cvf-ps, Don Magnifico, Druffeler, Eschenmoser, Fedi, FelixP, Flominator, FlügelRad, Greenish20, HaeB, Hati, HelmutLeitner, Herr W, Hystrix, Iwoelbern, JakobVoss, Janstr, Javaprog, JensBaitinger, Johamar, Juesch, Jü, K.-G.Häusler, Krawi, LKD, La Corona, Leyo, Martin Rasmussen, Matt1971, Mikue, Moguntiner, P. Birken, Pendulin, Publicmedium, RedPuma, Regi51, Revvar, Roland.chem, Roland1952, RuessRGB, Saperaud, Schewek, Schwallex, Sesc, Sicherlich, Supermartl, Swing, Tabor, Taner16, Tango8, Trublu, Varulv, W!B:, WasserFreund, WilfriedC, Wolfgang1018, Wächter, 58 anonymous edits

**Salze** *Source*: http://de.wikipedia.org/w/index.php?title=Salze *Contributors*: 1000, Aholtman, Aka, Aloiswuest, Anastasius zwerg, Andre Engels, Andreas 06, Arbol01, Archivar, Armin P., Avoided, Ayacop, Azby, Baumfreund-FFM, Bernardissimo, Berthold Werner, Blaubahn, C-M, Capaci34, Carol.Christiansen, Chrisfrenzel, Christian Kehr, Christoph Buhlheller, Complex, Cvf-ps, D, DaB., Dangerous, DanielDüsentrieb, Dapete, Das Schäfchen, DasBee, David Ludwig, Dberlin, DerGraueWolf, DerHexer, Diba, Dominik, Dominik Vilsmeier, Dr. Manfred Holz, Dr.cueppers, Engie, Entlinkt, Eschenmoser, Esico, FK1954, Fairplay, Fedi, Firefox13, Fristu, Gerhardvalentin, Gustavf, Gwexter, HaSee, He3nry, Head, Hephaion, Hermannthomas, Herr von Quack und zu Bornhöft, Hoffmeier, Hoo man, Howwi, Hozro, Hubertl, Hydro, Hystrix, Idler, Inkowik, JAZ, Jacks grinsende Rache, Jergen, Jivee Blau, Jü, KaiMartin, Kaisersoft, Kam Solusar, Karl-Henner, Kemuer, Klaus Eifert, Knoerz, Konzales, Krawi, LKD, LabFox, Lanzi, Lass ma!, Laubbaum, Leonhard Ochs, LivingShadow, Logograph, Magnummandel, Malbi, Martin-vogel, Martin1978, Martinl, Marvin II, Matthias M., Mo4jolo, Müdigkeit, NEUROtiker, Naddy, Netspy, Neu1, Nicor, Nikkis, Noctaru, Nocturne, Nolispanmo, Olei, Oliver Tölkes, Onkelkoeln, Orci, Ormium, Ot, Ottomanisch, Oxymoron83, Paddy, Parakletes, Parrho, PaulT, Pendulin, Peter200, PeterFume, PhJ, Pikett, Pittimann, Quartl, Quilbert, RainerB., Randolph33, Redecke, Regi51, Reinhard Kraasch, Renekaemmerer, Rhin0, Ri st, Rjh, RoB, Roland Kaufmann, Roland.chem, Roland1952, Roo1812, Römert, Scooter, Sinn, Small Axe, Smial, Spuk968, Sulfolobus, Supermartl, Swing, TUBS, Tango8, Taratonga, Thiesi, Thomasgl, Thorbjoern, Toffel, Topfield, Tsor, Tönjes, Ulrich.fuchs, Umweltschützen, Unsterblicher, Uwe W., WAH, Waelder, WeißNix, Wiegels, Wikipartikel, Wkrautter, Wolfgang H., Wolfgang1018, Wst, Wächter, XenonX3, Xocolatl, YourEyesOnly, Zahnstein, 346 anonymous edits

**Oxidationszahl** *Source*: http://de.wikipedia.org/w/index.php?title=Oxidationszahl *Contributors*: A.Savin, Ahoerstemeier, Aka, Ayacop, Bernaner, BirgitLachner, Blaufisch, Bluetulip, Cepheiden, Complex, Cosmare, Cvf-ps, DMKE, DasBee, Denwid, Dg.de, Diba, Gandalf, Gardini, Goreb, Graurock, Grien, HPaul, Homer S., Hystrix, Iacklink, Initnull, Iwoelbern, Jan Niggemann, Jens Liebenau, Jergen, Joh3.16, Juetho, Kai11, Karl-Henner, Krawi, LKD, Leyo, Lode, MAK, Marc Tobias Wenzel, MarkusZi, Martin1978, Matthias M., Milou, Mn-imhotep, Mnh, NEUROtiker, Nepenthes, Olei, Orci, Physchim62, Pittimann, Quetzalcóatl, RoB, RokerHRO, Roland.chem, Römert, S nova, STBR, SirJective, Spes Rei, Suirenn, Swing, Sys64738, TUX000, Thorbjoern, Tox, Tönjes, Umweltschützen, Unke, Wiegels, Wnme, Wolfgang1018, Wächter, Xmoser, YourEyesOnly, 154 anonymous edits

**Hexagonales_Kristallsystem** *Source*: http://de.wikipedia.org/w/index.php?title=Hexagonales_Kristallsystem *Contributors*: Aglarech, Aka, Aleks-ger, Atamari, Bartschi4y, Brusel, Cepheiden, Chemiewikibm, Crazy1880, DeepOrange, Del45, Dornelf, Dr.dave, Gaucho, Inkowik, JWBE, JuTa, Kein Einstein, Kud, Kurt Jansson, Martin Meise, Nonanet, Norbert Dragon, Orci, Proxima, Ra'ike, RobbyBer, Romanm, Saperaud, Sbaitz, Schwalbe, Schwobator, Taowolf, Theokratis, Thomasione, Ulrich.fuchs, Xls, 20 anonymous edits

**Raumgruppe** *Source*: http://de.wikipedia.org/w/index.php?title=Raumgruppe *Contributors*: Ahandrich, Andim, Bigkahuna, Brusel, Cepheiden, Christian1985, ChristophDemmer, Comm. makatau, Deepwave, Dr. Angelika Rosenberger, Dr. Oliver Heidbüchel, Elya, ErikDunsing, Frederyk, Gunther, Kein Einstein, Linksrechts, Markus Mueller, Martin von Gagern, MichaelDiederich, Minderbinder, Orci, Oxymoron83, Patrick Rose, Rjh, RokerHRO, RosarioVanTulpe, Saperaud, Sbaitz, Scherben, Solid State, Stern, Thornard, Tilman Berger, Ureinwohner, Weialawaga, 18 anonymous edits

**Gitterparameter** *Source*: http://de.wikipedia.org/w/index.php?title=Gitterparameter *Contributors*: Acky69, Aka, Anastasius zwerg, Anochem, Aule, Ben-Oni, Blah, Boehm, Brusel, Cepheiden, ChristophDemmer, Cjesch, DerHexer, Dr. Angelika Rosenberger, Franzl aus tirol, Georg Slickers, Giftmischer, Jah, Jed, Kein Einstein, Liborianer, Morgenrot42, Phrood, RosarioVanTulpe, Sch, Schwobator, Solid State, YourEyesOnly, Zwikki, 20 anonymous edits

**Formeleinheit** *Source*: http://de.wikipedia.org/w/index.php?title=Formeleinheit *Contributors*: Binter, D, Greebo78, Guety, Gutenbrunner, Heinte, Hoffmeier, Hystrix, JakobVoss, MFM, Marcus Cyron, Mopskatze, Roland.chem, Solid State, Thomas, 6 anonymous edits

**Elementarzelle** *Source*: http://de.wikipedia.org/w/index.php?title=Elementarzelle *Contributors*: A.Savin, Aka, Amtiss, Anastasius zwerg, Blauer elephant, Brusel, Cepheiden, Chemiewikibm, Cycyc, Dr. Angelika Rosenberger, ElRaki, Ellywa, Eschenmoser, Hadhuey, Heinte, Jarlhelm, Kein Einstein, Kuhlo, Lumbar, Martinl, Matthias M., Morgenrot42, Norbert Dragon, Orci, RoB, Saperaud, Sbaitz, Schwalbe, Solid State, Sunrider, Tiddens, Unsterblicher, Xaggi, 26 anonymous edits

**Kristallstruktur** *Source*: http://de.wikipedia.org/w/index.php?title=Kristallstruktur *Contributors*: 6BL-A504, Aglarech, Aka, Amtiss, Avoided, Ba10r, Beelzebubs Grandson, CBC, Cepheiden, D, Daaavid, Deepwave, Dornelf, Dr. Angelika Rosenberger, Drdoht, El., Eschenmoser, Fabolu, Flominator, He3nry, Hob Gadling, Horst74, Hutschi, Jan404, Johnny Controletti, Jü, Kein Einstein, Kku, Kurt Jansson, Lanzi, LoveAllSurfAll, Mahlum, Martinl, Matthias M., Morgenrot42, Nightstalker, Orci, PeterFrankfurt, Proxima, Ra'ike, Regi51, RoB, Roland.chem, RosarioVanTulpe, Roterraecher, STBR, Saehrimnir, Saperaud, Sbaitz, Schubbay, Schwalbe, Solid State, Supermartl, Tobias.hofmann, Umweltschützen, °, 44 anonymous edits

**Strukturtyp** *Source*: http://de.wikipedia.org/w/index.php?title=Strukturtyp *Contributors*: Akkakk, Brusel, Bubenik, Cepheiden, Fais123, Giftmischer, Kein Einstein, Martinl, PhilippG.M., Ra'ike, Sbaitz, Schmierer, Trickstar, Wiegels, 4 anonymous edits

**Bismut(III)-iodid** *Source*: http://de.wikipedia.org/w/index.php?title=Bismut%28III%29-iodid *Contributors*: Alchemist-hp, Eschenmoser, JWBE, Leyo, Orci, Rjh, 1 anonymous edits

**Gefahrstoffverordnung** *Source*: http://de.wikipedia.org/w/index.php?title=Gefahrstoffverordnung *Contributors*: A.Savin, AHK, Abubiju, Aka, Alros002, Avoided, Bgia mil, Bisco, C.Löser, ChristophDemmer, Diba, DieBERLINs, Don Magnifico, Dr.cueppers, Easymichi, Ennimate, Exil, Filmatelier, GabrieleJanssen, Georg2005, Giftmischer, He3nry, Heiko Neitzke, Kuebi, Lindi44, Lordus, Lowden, MRED, Menrathu, Mhm, Michael.stegen, Mike Krüger, Newman, Nicolas17, Pittimann, Pro-phil, Prof. Holzfäller, Randolph33, Rhododendronbusch, Rjh, Roland.chem, Rr2000, SirJective, Sommerkom, Spuk968, Succu, THWZ, Taratonga, Tasma3197, Tilla, UHT, Wissen, YourEyesOnly, 95 anonymous edits

**Radioaktivität** *Source*: http://de.wikipedia.org/w/index.php?title=Radioaktivit%C3%A4t *Contributors*: Aglarech, Aka, Amtiss, And3k, Andreask, Androl, Andy king50, Anneke Wolf, Antonsusi, Aquis, Archer2000, Arist0s, Atamari, Avaholic, Avatar, Avoided, Avron, BK-Master, Balbor Than, Bartfratze222, Bdk, Beelzebubs Grandson, Ben g, Ben776, Bernd vdB, Bernie a74, BigBen666, BitterMan, Blase16, Blaubahn, Blaupause, Bleizeppelin, Boemmels, Booth, Brian Ammon, Bu11z3y3, BuSchu, Buntfalke, CMS-Monster, Celly, Cepheiden, Checkpointarea, ChrisHamburg, ChristophDemmer, Church of emacs, Ckeen, Claus Ableiter, Clemfix, Collix, Complex, Cooldanielt, Corrigo, Countcrash, Crux, Cs32, Cuchullain, D, DHReutter, DaSch, Danogo, DarkScipio, DerHexer, Diba, Dominik Vilsmeier, Doudo, Dr.cueppers, Drahreg01, Drahtloser, Dufo, Dundak, Eintracht4ever, ElRaki, Elrond, Engeltma, Ephraim33, ErikDunsing, Falsch, Feitscher g, Fgb, Firefox13, FlH, Foxxi59, Freisein, Fujnky, Fullhouse, Fxp, G, GDK, GNosis, GPinarello, Gardini, Geekux, Georg123, Gerbil, Gerd Breitenbach, Gravitophoton, Green, Gsälzbär, HJJHolm, HPaul, Hadhuey, HaeB, Hagbard, HardDisk, Hati, He3nry, Head, Heinte, Herbertweidner, Herrick, Hgulf, Hob Gadling, Hokanomono, HolgerB, Hydro, IP-Adresse, Igge, Ignazwrobel, Immanuel Giel, InfoGeist, Ireas, Iwoelbern, Ixitixel, JanKorger, Jed, Jensel, Jergen, Johnny Yen, Jonny7, Jpp, Juergen Bode, Juesch, Jörg Knappen, Kackbratze, KaiMartin, Kalan, Kam Solusar, Karl Gruber, Karlthegreat, Katimpe, Kein Einstein, Keizersosze, Klaus Eifert, KleinKlio, Knigge123, Koala, Kolja21, Kpjas, KrisisSven, Kuebi, KönigAlex, L4ur1tz, LKD, Lateiner, LinStattWin, Ljfa-ag, Logograph, Louie, M0nsterxxl, Madlex, Magnus Nufer, Makaveli, Marc Layer, Markovic, Markuja, Martin-vogel, MartinThoma, Marvin 101, Matt1971, Matthias M., Matthäus Wander, Mavic, Metoc, Mfb, Mh26, Micgot, Michail der Trunkene, Mion, Mitternacht, Mnh, Moguntiner, Montauk, MsChaos, Muck31, Mueret00, Multi-AC, Naclador, Nbuechen, Ncnever, NeoXtrim, Nikkis, Nina, Nowic, Numbo3, Obersachse, Orci, Ot, Otcgstyle, Owltom, Paddy, Pascal Steger, Pc, Pediadeep, Pelz, Pendulin, Peter200, Peterlustig, Pietz, Pit, Pjacobi, Poxy, ProBlack, Radibor, Radswit, Rai42, Rat, Raubfisch, Rdb, Reddd, Rederik, Redf0x, Regi51, Reinhard Kraasch, Revvar, Rho, Ri st, Robinanis, Robodoc, RokerHRO, Roo1812, Rosineck, Rybak, STBR, Sakari, Schewek, Schusch, Schweikhardt, Sdg, Seewolf, Semper, Sentry, Silberchen, Simeon Kienzle, Skydivehein, Slartibartfass, Solid State, Spawn Avatar, Speifensender, Spuk968, Stay cool, StefanPohl, SteffenB, Strommops, Succu, Suicidefury, Suirenn, Terabyte, Thorbjoern, Tobi B., Topper81, Totenmontag, Tröte, Tsor, Twyll, Uli.ch, Uli.paul, Ulm, Ulz, UvM, Uwe

Gille, Uwe W., V.R.S., Vandalenaccount, Vernher, W!B:, WAH, WReinhard, Wasabi, Wiebelfrotzer, WikiJourney, Windharp, Woto, Wst, Xorx, YourEyesOnly, Yoursmile, Zara1709, Zaungast, °, $^{32}$P, 456 anonymous edits

# Image Sources, Licenses and Contributors

**Datei:Kristallstruktur Bismut(III)-iodid.png** *Source*: http://de.wikipedia.org/w/index.php?title=Datei:Kristallstruktur_Bismut(III)-iodid.png *License*: unknown *Contributors*: User:Orci

**Datei:Radiation warning symbol.svg** *Source*: http://de.wikipedia.org/w/index.php?title=Datei:Radiation_warning_symbol.svg *License*: unknown *Contributors*: Conscious, Fandecaisses, Fibonacci, Georg-Johann, Guillom, Jarekt, Nyks, Rfc1394, Sarang, Silsor, Ssolbergj, Túrelio, Uwe W., W!B:, Yann, 8 anonymous edits

**Datei:Silberiodid0.jpg** *Source*: http://de.wikipedia.org/w/index.php?title=Datei:Silberiodid0.jpg *License*: unknown *Contributors*: siegert

**Datei:Copper(I) iodide.jpg** *Source*: http://de.wikipedia.org/w/index.php?title=Datei:Copper(I)_iodide.jpg *License*: unknown *Contributors*: User:Walkerma

**Datei:CaF2 polyhedra.png** *Source*: http://de.wikipedia.org/w/index.php?title=Datei:CaF2_polyhedra.png *License*: unknown *Contributors*: User:Solid State

**Datei:UCl3 without caption.png** *Source*: http://de.wikipedia.org/w/index.php?title=Datei:UCl3_without_caption.png *License*: unknown *Contributors*: User:Leyo, User:Solid State

**Datei:Glenn Seaborg 1964.png** *Source*: http://de.wikipedia.org/w/index.php?title=Datei:Glenn_Seaborg_1964.png *License*: unknown *Contributors*: Atomic Energy Commission. (1946 - 01/19/1975)

**Datei:Berkeley 60-inch cyclotron.gif** *Source*: http://de.wikipedia.org/w/index.php?title=Datei:Berkeley_60-inch_cyclotron.gif *License*: unknown *Contributors*: Department of Energy. Office of Public Affairs

**Datei:Berkeley glade afternoon.jpg** *Source*: http://de.wikipedia.org/w/index.php?title=Datei:Berkeley_glade_afternoon.jpg *License*: unknown *Contributors*: Gku

**Datei:Elutionskurven Tb Gd Eu und Bk Cm Am.png** *Source*: http://de.wikipedia.org/w/index.php?title=Datei:Elutionskurven_Tb_Gd_Eu_und_Bk_Cm_Am.png *License*: unknown *Contributors*: S. G. Thompson, A. Ghiorso, and G. T. Seaborg () - originally published in US-gov classified documents , thus public domain

**Datei:HFIR Aerial.jpg** *Source*: http://de.wikipedia.org/w/index.php?title=Datei:HFIR_Aerial.jpg *License*: unknown *Contributors*: ORNL

**Datei:Berkelium metal.jpg** *Source*: http://de.wikipedia.org/w/index.php?title=Datei:Berkelium_metal.jpg *License*: unknown *Contributors*: Oak Ridge National Laboratory, US Department of Energy

**Datei:Closest packing ABAC.png** *Source*: http://de.wikipedia.org/w/index.php?title=Datei:Closest_packing_ABAC.png *License*: unknown *Contributors*: User:Solid State

**Datei:Berkelium.jpg** *Source*: http://de.wikipedia.org/w/index.php?title=Datei:Berkelium.jpg *License*: unknown *Contributors*: ORNL, Department of Energy

**Bild:Essigsäure - Acetic acid.svg** *Source*: http://de.wikipedia.org/w/index.php?title=Datei:Essigsäure_-_Acetic_acid.svg *License*: unknown *Contributors*: User:NEUROtiker

**Bild:Acetic-acid-2D-skeletal.svg** *Source*: http://de.wikipedia.org/w/index.php?title=Datei:Acetic-acid-2D-skeletal.svg *License*: unknown *Contributors*: Benjah-bmm27, Bryan Derksen, Calvero, Dryke, Interiot, Samulili

**Bild:Ethanol-2D-flat.png** *Source*: http://de.wikipedia.org/w/index.php?title=Datei:Ethanol-2D-flat.png *License*: unknown *Contributors*: Benjah-bmm27

**Bild:Ethanol-2D-skeletal.svg** *Source*: http://de.wikipedia.org/w/index.php?title=Datei:Ethanol-2D-skeletal.svg *License*: unknown *Contributors*: User:Bryan Derksen

**Bild:Sodium chloride crystal.png** *Source*: http://de.wikipedia.org/w/index.php?title=Datei:Sodium_chloride_crystal.png *License*: unknown *Contributors*: User:H Padleckas

**Bild:Berzelii park Stockholm Sweden.jpg** *Source*: http://de.wikipedia.org/w/index.php?title=Datei:Berzelii_park_Stockholm_Sweden.jpg *License*: unknown *Contributors*: user:Olsin.se

**Datei:Salze Natriumchloridgitter Kugeln.svg** *Source*: http://de.wikipedia.org/w/index.php?title=Datei:Salze_Natriumchloridgitter_Kugeln.svg *License*: unknown *Contributors*: Roland.chem. Original uploader was Roland.chem at de.wikipedia

**Datei:Sulphat.png** *Source*: http://de.wikipedia.org/w/index.php?title=Datei:Sulphat.png *License*: unknown *Contributors*: Benjah-bmm27, Mgloede, Rmhermen

**Datei:Salze Natriumchloridgitter Loesen.svg** *Source*: http://de.wikipedia.org/w/index.php?title=Datei:Salze_Natriumchloridgitter_Loesen.svg *License*: unknown *Contributors*: Roland.chem Original uploader was Roland.chem at de.wikipedia

**Datei:Hexacyanoferrat(II).svg** *Source*: http://de.wikipedia.org/w/index.php?title=Datei:Hexacyanoferrat(II).svg *License*: unknown *Contributors*: Original uploader was Roland.chem at de.wikipedia (Original text : Roland.chem)

**Datei:Quaternary ammonium cation.svg** *Source*: http://de.wikipedia.org/w/index.php?title=Datei:Quaternary_ammonium_cation.svg *License*: unknown *Contributors*: Fvasconcellos

**Datei:Acetat-Ion.svg** *Source*: http://de.wikipedia.org/w/index.php?title=Datei:Acetat-Ion.svg *License*: unknown *Contributors*: User:NEUROtiker

**Datei:Palmitat-Ion.svg** *Source*: http://de.wikipedia.org/w/index.php?title=Datei:Palmitat-Ion.svg *License*: unknown *Contributors*: User:NEUROtiker

**Datei:Citrat-Ion.svg** *Source*: http://de.wikipedia.org/w/index.php?title=Datei:Citrat-Ion.svg *License*: unknown *Contributors*: User:NEUROtiker

**Datei:Laurylsulfat-Ion.svg** *Source*: http://de.wikipedia.org/w/index.php?title=Datei:Laurylsulfat-Ion.svg *License*: unknown *Contributors*: User:NEUROtiker

**Datei:Ethanolat-Ion.svg** *Source*: http://de.wikipedia.org/w/index.php?title=Datei:Ethanolat-Ion.svg *License*: unknown *Contributors*: User:NEUROtiker

**Datei:Cetyltrimethylammonium-Ion.svg** *Source*: http://de.wikipedia.org/w/index.php?title=Datei:Cetyltrimethylammonium-Ion.svg *License*: unknown *Contributors*: User:NEUROtiker

**Datei:Cholin.svg** *Source*: http://de.wikipedia.org/w/index.php?title=Datei:Cholin.svg *License*: unknown *Contributors*: User:NEUROtiker

**Datei:Anilin-Ion.svg** *Source*: http://de.wikipedia.org/w/index.php?title=Datei:Anilin-Ion.svg *License*: unknown *Contributors*: User:NEUROtiker

**Datei:Betain2.svg** *Source*: http://de.wikipedia.org/w/index.php?title=Datei:Betain2.svg *License*: unknown *Contributors*: User:NEUROtiker

**Datei:Alanin-Zwitterion.svg** *Source*: http://de.wikipedia.org/w/index.php?title=Datei:Alanin-Zwitterion.svg *License*: unknown *Contributors*: User:NEUROtiker

**Datei:Bestimmung Oxidationszahlen.png** *Source*: http://de.wikipedia.org/w/index.php?title=Datei:Bestimmung_Oxidationszahlen.png *License*: unknown *Contributors*: Benutzer:Römert

**Datei:Trig p cell.png** *Source*: http://de.wikipedia.org/w/index.php?title=Datei:Trig_p_cell.png *License*: unknown *Contributors*: Solid State

**Datei:Hexagonal_lattice.svg** *Source*: http://de.wikipedia.org/w/index.php?title=Datei:Hexagonal_lattice.svg *License*: unknown *Contributors*: User:Stannered

**Bild:Hexagonale_Elementarzelle.jpg** *Source*: http://de.wikipedia.org/w/index.php?title=Datei:Hexagonale_Elementarzelle.jpg *License*: unknown *Contributors*: Brusel at de.wikipedia

**Bild:Hexagonale Pyramide.png** *Source*: http://de.wikipedia.org/w/index.php?title=Datei:Hexagonale_Pyramide.png *License*: unknown *Contributors*: Bibliographischen Institut

**Bild:Hexagonales Prisma.png** *Source*: http://de.wikipedia.org/w/index.php?title=Datei:Hexagonales_Prisma.png *License*: unknown *Contributors*: Original uploader was Gaucho at de.wikipedia

**Bild:Hexagonale Kombination Prisma und Pyramide.png** *Source*: http://de.wikipedia.org/w/index.php?title=Datei:Hexagonale_Kombination_Prisma_und_Pyramide.png *License*: unknown *Contributors*: Original uploader was Gaucho at de.wikipedia

**Bild:Hexagonale Kombination Prisma Pyramide Basis.png** *Source*: http://de.wikipedia.org/w/index.php?title=Datei:Hexagonale_Kombination_Prisma_Pyramide_Basis.png *License*: unknown *Contributors*: Bibliographisches Institut

**File:HCP crystal structure.svg** *Source*: http://de.wikipedia.org/w/index.php?title=Datei:HCP_crystal_structure.svg *License*: unknown *Contributors*: User:ARTE

**Datei:Triklines Kristallsystem.png** *Source*: http://de.wikipedia.org/w/index.php?title=Datei:Triklines_Kristallsystem.png *License*: unknown *Contributors*: User:Orci

**Bild:NaCl polyhedra.png** *Source*: http://de.wikipedia.org/w/index.php?title=Datei:NaCl_polyhedra.png *License*: unknown *Contributors*: User:Solid State

**Datei:Kristallstruktur (Begriffe).svg** *Source*: http://de.wikipedia.org/w/index.php?title=Datei:Kristallstruktur_(Begriffe).svg *License*: unknown *Contributors*: User:Cepheiden

**File:Réseau (géométrie) base.jpg** *Source*: http://de.wikipedia.org/w/index.php?title=Datei:Réseau_(géométrie)_base.jpg *License*: unknown *Contributors*: User:Jean-Luc W

**Datei:Cubic.svg** *Source*: http://de.wikipedia.org/w/index.php?title=Datei:Cubic.svg *License*: unknown *Contributors*: User:Stannered

**Datei:Cubic-body-centered.svg** *Source*: http://de.wikipedia.org/w/index.php?title=Datei:Cubic-body-centered.svg *License*: unknown *Contributors*: User:Stannered

**Datei:Hexagonal lattice.svg** *Source*: http://de.wikipedia.org/w/index.php?title=Datei:Hexagonal_lattice.svg *License*: unknown *Contributors*: User:Stannered

**Datei:NaCl-Ionengitter.png** *Source*: http://de.wikipedia.org/w/index.php?title=Datei:NaCl-Ionengitter.png *License*: unknown *Contributors*: H. Hoffmeister

**Datei:GHS-pictogram-acid.svg** *Source*: http://de.wikipedia.org/w/index.php?title=Datei:GHS-pictogram-acid.svg *License*: unknown *Contributors*: User:DrTorstenHenning

**Datei:Hazard C.svg** *Source*: http://de.wikipedia.org/w/index.php?title=Datei:Hazard_C.svg *License*: unknown *Contributors*: Amishaa, Augiasstallputzer, BLueFiSH.as, Bangin, Cäsium137, Herbythyme, MarianSigler, Matthias M., Pavel92, Phrood, W!B:, 12 anonymous edits

**Datei:Gefahrstoffwirkungen.svg** *Source*: http://de.wikipedia.org/w/index.php?title=Datei:Gefahrstoffwirkungen.svg *License*: unknown *Contributors*: User:Bisco, User:Dr.cueppers

**Datei:Gefährlichkeitsmerkmale.svg** *Source*: http://de.wikipedia.org/w/index.php?title=Datei:Gefährlichkeitsmerkmale.svg *License*: unknown *Contributors*: Knut Berlin Original uploader was PS2801 at de.wikipedia. Later version(s) were uploaded by Marsupilami at de.wikipedia.

**Datei:Radioactive.svg** *Source*: http://de.wikipedia.org/w/index.php?title=Datei:Radioactive.svg *License*: unknown *Contributors*: User:Bastique

**Datei:Dangclass7.svg** *Source*: http://de.wikipedia.org/w/index.php?title=Datei:Dangclass7.svg *License*: unknown *Contributors*: IRTC1015, W!B:

**Datei:Alfa beta gamma radiation.svg** *Source*: http://de.wikipedia.org/w/index.php?title=Datei:Alfa_beta_gamma_radiation.svg *License*: unknown *Contributors*: User:Stannered

**Datei:Radioaktive Zerfallsarten in der Nuklidkarte.svg** *Source*: http://de.wikipedia.org/w/index.php?title=Datei:Radioaktive_Zerfallsarten_in_der_Nuklidkarte.svg *License*: unknown *Contributors*: PNG-Version: 21:00, 27. Apr. 2005, PediadeepSVG-Version: Cepheiden. Original uploader was Cepheiden at de.wikipedia

**Datei:Cobalt 60.png** *Source*: http://de.wikipedia.org/w/index.php?title=Datei:Cobalt_60.png *License*: unknown *Contributors*: H.Paul

**Datei:Technetium 99m.png** *Source*: http://de.wikipedia.org/w/index.php?title=Datei:Technetium_99m.png *License*: unknown *Contributors*: H. Paul

**Datei:Periodic Table Radioactivity de.svg** *Source*: http://de.wikipedia.org/w/index.php?title=Datei:Periodic_Table_Radioactivity_de.svg *License*: unknown *Contributors*: User:Alessio Rolleri, User:Armtuk, User:Gringer, User:Matthias M.

**Datei:Logo iso radiation.svg** *Source*: http://de.wikipedia.org/w/index.php?title=Datei:Logo_iso_radiation.svg *License*: unknown *Contributors*: User:Historicair

Printed by Books on Demand GmbH, Norderstedt / Germany